中国土木工程学会标准

建筑施工榫卯式钢管脚手架
安全技术标准

Technical standard for safety of dove-tail lock steel tube
scaffolds' implementation and practice in construction

T/CCES 34－2022

批准单位：中国土木工程学会
施行日期：2022年11月1日

中国建筑工业出版社

2022 北 京

中国土木工程学会标准

建筑施工榫卯式钢管脚手架
安全技术标准

Technical standard for safety of dove-tail lock steel tube
scaffolds' implementation and practice in construction

T/CCES 34－2022

*

中国建筑工业出版社出版、发行（北京海淀三里河路9号）

各地新华书店、建筑书店经销

北京红光制版公司制版

北京建筑工业印刷厂印刷

*

开本：850毫米×1168毫米　1/32　印张：4⅝　字数：123千字
2023年2月第一版　　2023年2月第一次印刷
定价：**65.00**元

统一书号：15112·39466

本社网址：http://www.cabp.com.cn
网上书店：http://www.china-building.com.cn

中国土木工程学会文件

学标〔2022〕6 号

关于发布中国土木工程学会标准《建筑施工榫卯式钢管脚手架安全技术标准》的通知

现批准《建筑施工榫卯式钢管脚手架安全技术标准》为学会标准，编号为 T/CCES 34‒2022，自 2022 年 11 月 1 日起实施。

中国土木工程学会

2022 年 8 月 17 日

前　言

本标准是根据中国土木工程学会《关于〈建筑施工榫卯式钢管脚手架安全技术标准〉等 12 项土木工程学会标准立项编制的通知》（土标委〔2019〕6 号）的要求，由中国建筑科学研究院有限公司、安宜建设集团有限公司会同有关单位编制完成。

在本标准编制过程中，编制组广泛调查研究和总结了建筑施工榫卯式钢管脚手架的工程实践经验，参考了国内外有关标准，并在广泛征求意见基础上，对具体内容进行了反复讨论、协调和修改，最后经审查定稿。

本标准的主要技术内容是：总则，术语、符号与参考标准，构配件，荷载分类和荷载组合，设计，构造要求，施工，验收，安全管理以及有关的附录。

请注意本标准的某些内容可能涉及专利。本标准的发布机构不承担识别这些专利的责任。

本标准由中国土木工程学会学术与标准工作委员会负责管理，由中国建筑科学研究院有限公司负责具体技术内容的解释。执行过程中如有修改意见或建议，请寄送中国建筑科学研究院有限公司（地址：北京市北三环东路 30 号；邮政编码：100013；电子邮箱：lqq124@163.com）。

本 标 准 主 编 单 位：中国建筑科学研究院有限公司
安宜建设集团有限公司

本 标 准 参 编 单 位：中国建筑技术集团有限公司
天津迅安嘉会建材技术有限公司
天津大学建筑工程学院
同济大学
南通大学

中国一冶集团有限公司

山东飞鸿建设集团有限公司

山东创元建设集团有限公司

中联世纪建设集团有限公司

南通长城建设集团有限公司

锦汇建设集团有限公司

浙江磊缘堡建筑设备科技有限公司

中城建设有限责任公司

烟台市建设工程质量和安全监督站

烟台飞龙集团有限公司

山东省禹城市建筑工程公司

建研凯勃建设工程咨询有限公司

山东泰鸿置业有限公司

博尔建设集团有限公司

山西诚泰置业集团有限公司

中建七局第二建筑有限公司

杭州二建建设有限公司

河北建工集团有限责任公司

上海隧道工程有限公司

中建三局集团有限公司

本标准主要起草人员：刘　群　郭小农　高俊彪　陈志华

赵海瑞　成张佳宁　张　军　成　军

温锁林　郭继舟　郑克勤　杨泗军

张　烽　张栋平　杨　信　严洪斌

安占法　宋　勇　李朝松　高岩青

纪　兵　陈志祥　储　杨　刘　腾

李泰炯　赵志海　刘凤玉　邵特跃

郭群录　高云荣　韩　永　李　岩

李　轩　樊裕华　高德永　王增刚

王小盾　刘红波　刘　杰　施耀锋

5

　　　　　　　裴晓鹏　施学海　王　朋　张国庆
　　　　　　　花世华　李建明　贾　涛　李伟杰
　　　　　　　倪文婷　熊　畅　黄均妹　徐成长
　　　　　　　黄坤坤　王赟玉　方　园　夏为民
　　　　　　　王莉瑛　王杰军　王　禕　王斯海
本标准主要审查人员：张有闻　陈　红　华建民　赵安全
　　　　　　　舒世平　毛　杰　夏　龙　马利军
　　　　　　　王永泉

目　次

Contents

1 总 则

1.0.1 为规范榫卯式钢管脚手架的设计、施工、使用及管理，贯彻执行国家安全生产的方针政策，确保施工人员安全，做到技术先进、安全适用、经济合理，制定本标准。

1.0.2 本标准适用于房屋建筑与市政工程施工用榫卯式钢管双排脚手架和榫卯式钢管支撑脚手架的设计、施工、使用及管理。

1.0.3 榫卯式钢管脚手架的设计、施工、使用及管理，除应符合本标准的规定外，尚应符合国家现行有关标准的规定。

2 术语、符号与参考标准

2.1 术　语

2.1.1 榫卯式钢管脚手架 dove-tail lock steel tube scaffold

由立杆、水平杆通过榫卯节点连接组成，根据功能需要设置斜杆或连墙件等加固、连接件，具有承载和安全防护功能，为建筑施工提供作业条件的结构架体，包括榫卯式钢管作业脚手架和榫卯式钢管支撑脚手架，简称榫卯脚手架。

2.1.2 榫卯式钢管作业脚手架 dove-tail lock operation scaffold

由立杆、水平杆通过榫卯节点连接组成，支承于地面、建筑物上或附着于工程结构上，为建筑施工提供作业平台和安全防护的榫卯式钢管脚手架，包括榫卯式钢管双排脚手架等，简称榫卯作业脚手架。

2.1.3 榫卯式钢管双排脚手架 double pole dove-tail lock steel tube scaffold

由内外两排立杆和水平杆通过榫卯节点连接组成，附着于工程结构上的榫卯式钢管作业脚手架，简称榫卯双排脚手架。

2.1.4 榫卯式钢管支撑脚手架 dove-tail lock steel tube shoring scaffold

由立杆、水平杆通过榫卯节点连接组成，支承于地面或结构上，可承受各种荷载，具有安全保护功能，为建筑施工提供支撑和作业平台的榫卯脚手架，包括结构安装榫卯式钢管支撑脚手架、混凝土模板榫卯式钢管支撑脚手架等，简称榫卯支撑脚手架。

2.1.5 榫卯节点 dove-tail joint

在脚手架立杆与水平杆的连接节点所采用的一种楔形键与楔形卯槽承插式连接的节点。楔形键可以构件形式焊接在水平杆两端形成水平杆榫头，也可在插座垂直4个方向上设置形成榫头插座；楔形卯槽可以构件形式焊接在水平杆两端形成水平杆卯槽，也可在插座垂直4个方向上设置形成卯槽插座。

2.1.6 A型榫卯节点 type A of dove-tail joint

由水平杆榫头、卯槽插座所构成的榫卯节点形式（图2.1.6）。

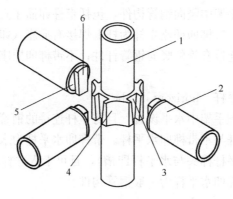

图2.1.6 A型榫卯节点构造示意图

1—立杆；2—水平杆；3—楔形卯槽；4—卯槽插座；5—水平杆榫头；6—楔形键

2.1.7 B型榫卯节点 type B of dove-tail joint

由水平杆卯槽、榫头插座所构成的榫卯节点形式（图2.1.7）。

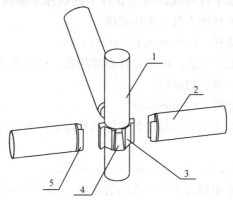

图2.1.7 B型榫卯节点构造示意图

1—立杆钢管；2—水平杆；3—榫头插座；4—楔形键；5—水平杆卯槽

2.1.8　榫卯脚手架构件　dove-tail lock steel tube scaffold accessories

组成榫卯脚手架的各种杆件及构配件，包括立杆、水平杆、斜杆、立杆连接套管、插座、插头等，统称为榫卯脚手架构件。

2.1.9　立杆　standing tube

榫卯脚手架中竖向钢管构件，包括带榫卯插座立杆与不带榫卯插座立杆。带榫卯插座立杆为杆上焊接有插座（卯槽插座或榫头插座）及连接套管的竖向钢管杆件；不带榫卯插座立杆为一般钢管构件。

2.1.10　水平杆　horizontal tube

在榫卯脚手架中水平设置，且与立杆连接的钢管构件，包括带榫卯水平杆与不带榫卯水平杆。带榫卯水平杆为水平杆两端焊接插头（水平杆榫头与水平杆卯槽），且可卡入立杆插座的水平杆件；不带榫卯水平杆为一般钢管构件。

2.1.11　插座　socket

焊接于立杆上可承插连接 4 个方向水平杆插头的圆环形构件，包括卯槽插座与榫头插座。

2.1.12　插头　plug

焊接于水平杆两端，可与立杆上的插座承插连接的楔形构件，包括水平杆榫头与水平杆卯槽。

2.1.13　扫地杆　bottom reinforcing tube

贴近楼地面设置，连接立杆根部的纵、横向水平杆件，包括纵向扫地杆、横向扫地杆。

2.1.14　连墙件　tie member

将榫卯脚手架架体与建筑主体结构连接，能够传递拉力和压力的构件。

2.1.15　连墙件间距　spacing of tie member

榫卯脚手架相邻连墙件之间的距离，包括连墙件竖距、连墙件横距。

2.1.16　横向斜撑　diagonal brace

与榫卯双排脚手架内、外立杆或水平杆斜交的斜杆。

2.1.17 剪刀撑 diagonal bracing
在榫卯脚手架竖向或水平向成对设置的交叉斜杆。

2.1.18 抛撑 cross bracing
用于榫卯脚手架侧面支撑，与榫卯脚手架外侧面斜交的杆件。

2.1.19 底座 base plate
设于立杆底部的垫座，包括固定底座、可调底座。

2.1.20 可调托撑 adjustable fork head
插入立杆钢管顶部，可调节高度的顶撑。

2.1.21 步距 lift height
主节点间上下水平杆轴线间的距离。

2.1.22 立杆纵（跨）距 longitudinal spacing of upright tube
榫卯脚手架纵向相邻立杆之间的轴线距离。

2.1.23 立杆横距 transverse spacing of upright tube
榫卯脚手架横向相邻立杆之间的轴线距离。

2.2 符 号

2.2.1 荷载和荷载效应

F_J ——作用于榫卯脚手架杆件连接节点的荷载设计值；

F_{wk} ——风荷载作用在榫卯支撑脚手架作业层栏杆围挡（模板）上产生的水平力标准值；

G_{jk} ——榫卯支撑脚手架计算单元上集中堆放的物料自重标准值；

g_{1k} ——均匀分布的架体自重等面荷载标准值；

g_{2k} ——均匀分布的架体上部的模板等物料自重面荷载标准值；

g_k ——立杆承受的每米结构自重标准值；

M_{Gk} ——水平杆由脚手板自重等永久荷载产生的弯矩标准值；

$\sum M_{Gk}$ ——榫卯支撑脚手架受弯杆件由永久荷载产生的弯矩标准值总和；

M_{Qk} ——水平杆由施工荷载产生的弯矩标准值；

$\sum M_{Qk}$ ——榫卯支撑脚手架受弯杆件由可变荷载产生的弯矩标准值总和；

M_s ——水平杆弯矩设计值；榫卯支撑脚手架受弯杆件弯矩设计值；

M_{Tk} ——榫卯支撑脚手架计算单元在风荷载作用下的倾覆力矩标准值；

M_w ——立杆由风荷载产生的弯矩设计值；

M_{wk} ——立杆由风荷载产生的弯矩标准值；

N ——立杆的轴向力设计值；

$\sum N_{Gk2}$ ——附件自重产生的立杆轴向力标准值总和；

N_k ——上部结构传至立杆基础顶面的轴向力标准值；

N_0 ——连墙杆件约束脚手架平面外变形所产生的轴向力设计值；

N_L ——连墙杆件轴向力设计值；

N_{Lw} ——连墙杆件由风荷载产生的轴向力设计值；

N_{wk} ——由风荷载产生的立杆最大附加轴向力标准值；

$\sum N_{G1k}$ ——由架体结构及附件自重产生的立杆轴向力标准值总和；

$\sum N_{G2k}$ ——模板榫卯支撑脚手架：由模板、支撑梁、钢筋混凝土自重产生的立杆轴向力标准值总和；
钢结构榫卯支撑脚手架及非模板榫卯支撑脚手架：由可调托撑上主梁、次梁、支撑板等自重，支撑架上的建筑结构材料及堆放物等的自重产生的立杆轴向力标准值总和；

$\sum N_{Q1k}$ ——由施工荷载产生的立杆轴向力标准值总和；

$\sum N_{Q2k}$ ——由其他可变荷载产生的立杆轴向力标准值总和；

P_k ——榫卯脚手架立杆基础底面的平均压力标准值；

q_{wk}——风线荷载标准值；

υ——水平杆挠度；

w_0——基本风压值；

w_{fk}——榫卯支撑脚手架整体风荷载标准值；

w_k——风荷载标准值、榫卯支撑脚手架风荷载标准值；

w_{mk}——榫卯支撑脚手架作业层栏杆围挡（模板）的风荷载标准值。

2.2.2　材料性能和抗力

E——钢材弹性模量；

F_{JR}——榫卯脚手架杆件连接节点的承载力设计值；

f——钢材抗拉、抗压和抗弯强度设计值；

f_a——修正后的地基承载力特征值；

f_{ak}——地基承载力特征值；

N_{LR}——连墙件与建筑结构连接的抗拉（压）承载力设计值；

R_c——扣件抗滑承载力设计值；

$[\upsilon]$——容许挠度。

2.2.3　几何参数

A——立杆的毛截面面积；

A_n——挡风面积、杆件的净截面面积；

A_w——迎风面轮廓面积；

A_g——立杆基础底面面积；

a——立杆伸出顶层水平杆中心线至支撑点的长度；

B——榫卯支撑脚手架横向宽度；

b_j——榫卯支撑脚手架计算单元上集中堆放的物料至倾覆原点的水平距离；

$[H]$——榫卯双排脚手架允许搭设高度；

H——榫卯支撑脚手架高度；

H_c——连墙杆件间竖向垂直距离；

H_m——作业层竖向封闭栏杆围挡（模板）高度；

h——步距；

I——惯性矩；

i——截面回转半径；

L_c——连墙杆件间水平投影距离；

l——受弯构件的计算跨度、杆件长度；

l_0——立杆计算长度；

l_a——立杆纵向间距；

l_b——立杆横向间距；

n——计算单元立杆跨数；

t——钢管壁厚；

W——截面模量；

ϕ——钢管外径。

2.2.4 计算系数

k——立杆计算长度附加系数；

m_f——地基承载力修正系数；

μ——立杆计算长度系数；

μ_z——风压高度变化系数；

μ_s——榫卯脚手架风荷载体型系数；

μ_{st}——单榀桁架风荷载体型系数；

μ_{stw}——多榀平行桁架整体风荷载体型系数；

λ——长细比；

Φ——榫卯脚手架挡风系数；

φ——轴心受压构件的稳定系数；

ξ——弯矩折减系数；

γ_0——结构重要性系数；

γ_G——永久荷载分项系数；

γ_Q——可变荷载分项系数；

ψ_c——其他可变荷载组合值系数；

ψ_w——风荷载组合值系数。

2.3 参考标准

1 《木结构设计标准》GB 50005

2 《建筑地基基础设计规范》GB 50007

3 《建筑结构荷载规范》GB 50009

4 《混凝土结构设计规范》GB 50010

5 《钢结构设计标准》GB 50017

6 《冷弯薄壁型钢结构技术规范》GB 50018

7 《建筑结构可靠性设计统一标准》GB 50068

8 《建筑地基基础工程施工质量验收标准》GB 50202

9 《混凝土结构工程施工质量验收规范》GB 50204

10 《钢结构工程施工质量验收标准》GB 50205

11 《建筑工程施工质量验收统一标准》GB 50300

12 《混凝土结构工程施工规范》GB 50666

13 《建设工程施工现场消防安全技术规范》GB 50720

14 《建筑施工脚手架安全技术统一标准》GB 51210

15 《施工脚手架通用规范》GB 55023

16 《碳素结构钢》GB/T 700

17 《低合金高强度结构钢》GB/T 1591

18 《低压流体输送用焊接钢管》GB/T 3091

19 《碳素结构钢和低合金结构钢热轧钢板和钢带》GB/T 3274

20 《安全网》GB 5725

21 《梯形螺纹 第2部分：直径与螺距系列》GB/T 5796.2

22 《梯形螺纹 第3部分：基本尺寸》GB/T 5796.3

23 《熔化极气体保护电弧焊用非合金钢及细晶粒钢实心焊丝》GB/T 8110

24 《结构用无缝钢管》GB/T 8162

25 《可锻铸铁件》GB/T 9440

26 《一般工程用铸造碳钢件》GB/T 11352

27 《直缝电焊钢管》GB/T 13793

28 《钢管脚手架扣件》GB 15831

29 《焊接钢管尺寸及单位长度重量》GB/T 21835

30 《施工现场临时用电安全技术规范》JGJ 46

31 《建筑施工高处作业安全技术规范》JGJ 80

32 《建筑施工门式钢管脚手架安全技术标准》JGJ/T 128

33 《建筑施工扣件式钢管脚手架安全技术规范》JGJ 130

34 《建筑施工碗扣式钢管脚手架安全技术规范》JGJ 166

35 《建筑施工竹脚手架安全技术规范》JGJ 254

3 构 配 件

3.0.1 榫卯节点宜采用低合金钢制造，其材质及性能应符合现行国家标准《低合金高强度结构钢》GB/T 1591 的规定。对于榫卯节点材料采用碳素铸钢制造的，其材质不应低于现行国家标准《一般工程用铸造碳钢件》GB/T 11352 中 ZG230-450 钢的有关规定。

3.0.2 榫卯脚手架立杆上插座的位置可按 600mm 或 500mm 的模数设置，水平杆长度可按 300mm 模数设置。

3.0.3 榫卯脚手架立杆与水平杆榫卯节点的承载力应符合下列规定：

1 插座与立杆焊接的抗剪极限承载力不应低于 80kN；

2 立杆与水平杆榫卯节点连接的抗压极限承载力不应低于 80kN；

3 立杆与水平杆榫卯节点连接在水平杆方向的抗拉极限承载力不应低于 50kN。

3.0.4 榫卯脚手架钢管宜采用现行国家标准《直缝电焊钢管》GB/T 13793、《低压流体输送用焊接钢管》GB/T 3091 中规定的 Q235 普通钢管，其材质及性能应符合现行国家标准《碳素结构钢》GB/T 700 中对 Q235 级钢的有关规定。对于采用 Q355 级材质的钢管立杆，其材质及性能应符合现行国家标准《低合金高强度结构钢》GB/T 1591 中对 Q355 级钢的有关规定。

3.0.5 榫卯脚手架钢管宜采用 ϕ48.3mm×3.5mm 钢管。每根钢管的最大质量不宜大于 25.2kg。

3.0.6 立杆连接套管应采用无缝钢管制作，应符合下列规定（图 3.0.6）：

1 连接套管应采用 ϕ57mm×3.5mm 钢管，其长度不应小于 160mm；

    2 连接套管内径与立杆钢管外径配合间隙不应大于 3mm；

    3 套管与焊接立杆的插入长度不应小于 50mm，并应与立杆底端围焊牢固，焊缝高度不应小于 3.5mm；

    4 连接套管与立杆连接的销孔直径应为 ϕ11mm，销孔中心距套管底端距离不应小于 50mm。连接销直径宜为 ϕ10mm。

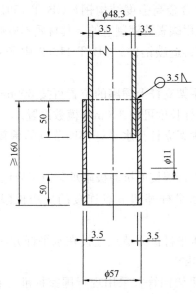

图 3.0.6　立杆与套管连接细部构造图

3.0.7　榫卯脚手架主要构配件种类和规格宜符合本标准附录 A 的规定。

3.0.8　榫卯脚手架连接节点的插座、插头与立杆、水平杆应采用围焊连接，并应符合下列规定：

    1 焊接制作应在专用工装上进行，插座与立杆应上下双面焊接；

    2 焊丝应符合现行国家标准《熔化极气体保护电弧焊用非合金钢及细晶粒钢实心焊丝》GB/T 8110 中对气体保护电弧焊

用碳钢、低合金钢焊丝的有关规定；

3 有效焊缝高度不应小于3mm，应符合现行国家标准《钢结构工程施工质量验收标准》GB 50205中的三级焊缝要求；

4 焊缝应满焊，焊口应平整光滑，不得有漏焊、焊穿、夹渣、裂纹等质量缺陷；

5 铸件表面应光洁平整，不得有裂纹、气孔、缩松、砂眼等铸造缺陷，应将粘砂、浇冒口残余、披缝、毛刺、氧化皮等清除干净；构件表面应进行防锈处理，涂层应均匀；

6 插座的高度不应小于40mm，插头外径不得小于48mm，插座、插头壁厚不得小于3mm。

3.0.9 水平杆插头与立杆插座插入结合的楔形斜面应相互吻合，并应具有摩擦自锁效应。

3.0.10 榫卯脚手架构件在施工现场不得进行自行改制。

3.0.11 可调托撑和可调底座螺杆应与立杆钢管直径配套，螺杆外径不得小于36mm；空心螺杆外径不得小于38mm，壁厚不得小于5mm。螺杆直径与螺距应符合现行国家标准《梯形螺纹 第2部分：直径与螺距系列》GB/T 5796.2、《梯形螺纹 第3部分：基本尺寸》GB/T 5796.3的有关规定。对可调托撑及可调底座，当采用实心螺杆时，其材质及性能应符合现行国家标准《碳素结构钢》GB/T 700中对Q235级钢的有关规定；当采用空心螺杆时，其材质及性能应符合现行国家标准《结构用无缝钢管》GB/T 8162中对20号无缝钢管的有关规定。

3.0.12 可调托撑和可调底座螺杆与调节螺母啮合长度不得少于5扣，螺母厚度不得小于30mm。可调托撑及可调底座调节螺母铸件应采用碳素铸钢或可锻铸铁，其材质及性能应分别符合现行国家标准《一般工程用铸造碳钢件》GB/T 11352中对ZG230-450钢和《可锻铸铁件》GB/T 9440中对KTH330-08钢的有关规定。

3.0.13 可调托撑与可调底座抗压承载力标准值不应小于100kN，可调托撑U形托板厚度不得小于5mm，弯曲变形不应大于

1mm，可调底座垫板厚度不得小于 6mm；螺杆与托板或垫板应焊接牢固，焊脚尺寸不应小于钢板厚度，并宜设置加劲板。可调托撑 U 形托板和可调底座垫板应采用碳素结构钢，其材质及性能应符合现行国家标准《碳素结构钢和低合金结构钢热轧钢板和钢带》GB/T 3274 中对 Q235 级钢的有关规定。

3.0.14 脚手板应符合下列规定：

1 脚手板可采用钢、木、竹材料制作，单块脚手板的质量不宜大于 30kg。

2 钢脚手板材质及性能应符合现行国家标准《碳素结构钢》GB/T 700 中对 Q235 级钢的有关规定。新、旧脚手板均应涂防锈漆，并应有防滑措施。冲压钢脚手板的钢板厚度不宜小于 1.5mm，板面冲孔内切圆直径应小于 25mm，并不得有裂纹、开焊与硬弯。

3 木脚手板材质及性能应符合现行国家标准《木结构设计标准》GB 50005 中对 II$_a$ 级材质及性能的有关规定。脚手板的宽度不宜小于 200mm，厚度不应小于 50mm，且其两端宜各设置直径不小于 4mm 的镀锌钢丝箍两道。

4 竹脚手板宜采用由毛竹或楠竹制作的竹串片板，且材质应符合现行行业标准《建筑施工竹脚手架安全技术规范》JGJ 254 的有关规定。

3.0.15 扣件应符合下列规定：

1 扣件应采用可锻铸铁或铸钢制作，其材质及性能应符合现行国家标准《钢管脚手架扣件》GB 15831 的有关规定。当采用其他材料制作的扣件时，应经试验验证合格后方可使用。

2 扣件应经过 65N·m 扭力矩测试，且不得出现裂纹等质量问题。

3.0.16 建筑施工安全网的选用应符合现行行业标准《建筑施工高处作业安全技术规范》JGJ 80 的有关规定。

4 荷载分类和荷载组合

4.1 荷载分类

4.1.1 作用于榫卯脚手架的荷载可分为永久荷载与可变荷载。

4.1.2 榫卯双排脚手架的永久荷载应包括下列内容：

　　1 架体结构的自重：包括立杆、水平杆、斜撑杆、剪刀撑的自重等；

　　2 附件自重：包括脚手板、挡脚板、栏杆、安全网等防护设施的自重。

4.1.3 榫卯双排脚手架的可变荷载应包括下列内容：

　　1 施工荷载：包括作业层上的施工人员、施工机具和材料的自重等；

　　2 风荷载。

4.1.4 榫卯支撑脚手架的永久荷载应包括下列内容：

　　1 模板榫卯支撑脚手架

　　　　1）架体结构自重：包括立杆、水平杆、斜撑杆、剪刀撑、可调托撑和配件的自重等；

　　　　2）模板及支撑梁的自重等；

　　　　3）作用在模板上的混凝土和钢筋的自重等。

　　2 钢结构榫卯支撑脚手架及非模板榫卯支撑脚手架

　　　　1）架体结构自重：包括立杆、水平杆、斜撑杆、剪刀撑、可调托撑和配件的自重等；

　　　　2）可调托撑上主梁、次梁、支撑板的自重等；

　　　　3）架体上的建筑结构材料及堆放物的自重等。

4.1.5 榫卯支撑脚手架的可变荷载应包括下列内容：

　　1 模板榫卯支撑脚手架

　　　　1）施工荷载：包括施工作业人员、施工设备的自重和浇

筑及振捣混凝土时产生的荷载，以及超过浇筑构件厚
度的混凝土料堆放荷载；

2）风荷载；

3）其他可变荷载。

2 钢结构榫卯支撑脚手架及非模板榫卯支撑脚手架

1）施工荷载：包括施工作业人员、施工设备的自重等；

2）风荷载；

3）其他可变荷载。

4.2 荷载标准值

4.2.1 榫卯双排脚手架所用材料、构配件永久荷载标准值的取
值，应按现行国家标准《建筑结构荷载规范》GB 50009 规定的
自重值取其为荷载标准值，并应符合下列规定：

1 架体结构应根据专项施工方案确定的结构和构造取其构
件的自重值为永久荷载标准值，榫卯双排脚手架立杆承受的每米
架体结构自重标准值，可按本标准表 B.0.1 的规定采用。

2 脚手板、栏杆与挡脚板、安全网永久荷载标准值的取值，
应符合下列规定：

1）冲压钢脚手板、木脚手板与竹串片脚手板永久荷载标
准值，宜按表 4.2.1-1 的规定取值。

表 4.2.1-1　脚手板永久荷载标准值

类别	标准值（kN/m²）
冲压钢脚手板	0.30
竹串片脚手板	0.35
木脚手板	0.35

2）栏杆与挡脚板永久荷载标准值，宜按表 4.2.1-2 的规
定取值。

3）外侧安全网永久荷载标准值应根据实际情况确定，且
不应低于 0.01kN/m²。

16

表 4.2.1-2　栏杆、挡脚板永久荷载标准值

类别	标准值（kN/m）
栏杆、冲压钢脚手板挡板	0.16
栏杆、竹串片脚手板挡板	0.17
栏杆、木脚手板挡板	0.17

4.2.2 模板榫卯支撑脚手架所用材料、构配件永久荷载标准值的取值，应按现行国家标准《建筑结构荷载规范》GB 50009 规定的自重值取其为荷载标准值，并应符合下列规定：

　　1 架体结构应根据专项施工方案确定的结构和构造取其构件的自重值为永久荷载标准值，模板榫卯支撑脚手架立杆承受的每米架体结构自重标准值可按表 B.0.2 的规定采用。

　　2 混凝土模板及支撑楞梁永久荷载标准值，应根据模板专项施工方案设计确定。对有梁板结构和无梁楼板结构模板的永久荷载标准值，可按表 4.2.2 的规定取值。

表 4.2.2　楼板模板永久荷载标准值（kN/m²）

模板类别	木模板	定型钢模板
梁板模板（其中包括梁模板）	0.50	0.75
无梁楼板模板（其中包括次楞）	0.30	0.50

　　3 新浇筑混凝土的永久荷载标准值宜根据混凝土实际重力密度确定，普通混凝土自重标准值可取 24kN/m³。

　　4 钢筋的永久荷载标准值应根据施工图设计文件确定，对于一般梁板结构，楼板的钢筋自重可取 1.1kN/m³，梁的钢筋自重可取 1.5kN/m³。

4.2.3 钢结构榫卯支撑脚手架及其他非模板榫卯支撑脚手架所用材料、构配件永久荷载标准值的取值，应按现行国家标准《建筑结构荷载规范》GB 50009 规定的自重值取其为荷载标准值，并应符合下列规定：

　　1 架体结构应根据专项施工方案确定的结构和构造取其构件的自重值为永久荷载标准值，钢结构榫卯支撑架脚手架立杆承

受的每米架体结构自重标准值，可按本标准表 B.0.2 的规定采用。

2 钢结构榫卯支撑脚手架可调托撑上的主梁、次梁、支撑板等永久荷载应按实际情况计算。当采用下列材料时，可按表4.2.3 的规定取值。

    1）普通木质主梁（包括 ϕ48.3mm×3.5mm 双钢管）、次梁，木支撑板；

    2）型钢次梁自重不超过 10 号工字钢自重，型钢主梁自重不超过 H100mm×100mm×6mm×8mm 型钢自重，支撑板自重不超过木脚手板自重。

表 4.2.3 主梁、次梁及支撑板自重标准值

类别		立杆间距（m）	
		>0.75×0.75	≤0.75×0.75
木质主梁（含 ϕ48.3mm×3.5mm 双钢管）、次梁，木支撑板	kN/m²	0.6	0.85
型钢主梁、次梁，木支撑板	kN/m²	1.0	1.2

注：立杆间距 l_a×l_b，其中 l_a（或 l_b）>0.75m，l_b（或 l_a）≤0.75m，取对应荷载大值。

3 钢结构榫卯支撑脚手架上的建筑结构材料及堆放物等的永久荷载应按实际情况计算。

4.2.4 榫卯双排脚手架施工荷载标准值的取值，应符合下列规定：

1 作业层施工荷载标准值应根据实际情况确定，且不应小于表 4.2.4 的规定取值。

表 4.2.4 榫卯双排脚手架施工荷载标准值

用途	荷载（kN/m²）
砌筑工程作业	3.0
其他主体结构工程作业	2.0

用途	荷载（kN/m²）
装饰装修作业	2.0
防护作业	1.0

注：斜梯施工荷载标准值按其水平投影面积计算，取值不应低于 2.0kN/m²。

2 当在榫卯双排脚手架上同时有 2 个及以上操作层作业时，在同一个跨距内各操作层的施工荷载标准值总和取值不应小于 5.0kN/m²。

4.2.5 榫卯支撑脚手架的可变荷载标准值的取值，应符合下列规定：

1 榫卯支撑脚手架作业层上的施工荷载标准值应根据实际情况确定，且不应小于表 4.2.5 的规定取值。

表 4.2.5 榫卯支撑脚手架施工荷载标准值

类别		荷载（kN/m²）
混凝土结构模板支撑脚手架	一般	2.5
	有水平泵管设置	4.0
钢结构安装支撑脚手架	轻钢结构、轻钢空间网架结构	2.0
	普通钢结构	3.0
	重型钢结构	3.5

2 榫卯支撑脚手架上移动的设备、工具等物品应按其自重计算可变荷载标准值。

4.2.6 榫卯脚手架上振动、冲击物体应按物体自重×动力系数进行取值，并计入可变荷载标准值，动力系数可取为 1.35。

4.2.7 作用于榫卯脚手架上的水平风荷载标准值，应按下式计算：

$$w_k = \mu_z \mu_s w_0 \qquad (4.2.7)$$

式中：w_k——风荷载标准值（kN/m²）；

w_0——基本风压值（kN/m²），按现行国家标准《建筑结构荷载规范》GB 50009 的规定取值，且取重现期

$n=10$ 对应的风压值；

μ_z——风压高度变化系数，按现行国家标准《建筑结构荷载规范》GB 50009 规定取值；

μ_s——榫卯脚手架风荷载体型系数，按表 4.2.7 的规定取值。

表 4.2.7 榫卯脚手架的风荷载体型系数 μ_s

背靠建筑物的状况		全封闭墙	敞开、框架和开洞墙
榫卯脚手架状况	全封闭、半封闭	1.0Φ	1.3Φ
	敞开	μ_{stw} 或 μ_{st}	

注：1 μ_{stw} 或 μ_{st} 值，可将榫卯脚手架视为桁架，按现行国家标准《建筑结构荷载规范》GB 50009 的规定计算；μ_{st} 为单榀桁架风荷载体型系数，μ_{stw} 为多榀平行桁架整体风荷载体型系数；

2 Φ 为榫卯脚手架挡风系数，$\Phi=1.2A_n/A_w$，其中：A_n 为挡风面积；A_w 为迎风面轮廓面积。敞开式榫卯脚手架的挡风系数 Φ 值可按本标准表 B.0.3 采用；

3 密目式安全立网全封闭榫卯脚手架挡风系数不宜小于 0.8。

4.3 荷载设计值

4.3.1 当计算榫卯脚手架的架体或构件的强度、稳定承载力和连接强度时，应采用荷载设计值。

4.3.2 当计算榫卯脚手架地基承载力和正常使用极限状态的变形时，应采用荷载标准值。

4.3.3 荷载分项系数应按表 4.3.3 的规定取值。

表 4.3.3 荷载分项系数

种类	验算项目	荷载分项系数	
		永久荷载分项系数 γ_G	可变荷载分项系数 γ_Q
榫卯双排脚手架	强度、稳定性	1.3	1.5
	地基承载力	1.0	1.0
	挠度	1.0	1.0

种类	验算项目	荷载分项系数		
		永久荷载分项系数 γ_G		可变荷载分项系数 γ_Q
榫卯支撑脚手架	强度、稳定性	1.3		1.5
	地基承载力	1.0		1.0
	挠度	1.0		1.0(模板榫卯支撑架取 0)
	倾覆	有利	0.9	有利 0
		不利	1.3	不利 1.5

4.4 荷 载 组 合

4.4.1 榫卯脚手架设计时，应根据使用过程中在架体上可能同时作用的荷载，按承载能力极限状态和正常使用极限状态分别进行荷载组合，并应取各自最不利的荷载组合进行设计。

4.4.2 榫卯脚手架结构及构配件进行承载能力极限状态设计时，应按下列规定采用荷载的基本组合：

1 榫卯双排脚手架荷载的基本组合应按表 4.4.2-1 的规定采用。

表 4.4.2-1 榫卯双排脚手架荷载的基本组合

计算项目	荷载的基本组合
水平杆及节点连接强度	永久荷载＋施工荷载
立杆稳定承载力	永久荷载＋施工荷载＋ψ_w 风荷载
连墙件强度、稳定承载力和连接强度	风荷载＋N_0

注：1 表中的"＋"仅表示各项荷载参与组合；

2 立杆稳定承载力计算在室内或无风环境不组合风荷载；

3 强度计算项目包括连接强度计算；

4 ψ_w 为风荷载组合值系数，取 0.6；

5 N_0 为连墙件约束脚手架平面外变形所产生的轴力设计值，取 3kN。

2 榫卯支撑脚手架荷载的基本组合应按表 4.4.4-2 的规定采用。

表 4.4.2-2　榫卯支撑脚手架荷载的基本组合

计算项目	荷载的基本组合
水平杆强度	永久荷载＋施工荷载＋ψ_c 其他可变荷载
立杆稳定承载力	永久荷载＋施工荷载＋ψ_c 其他可变荷载＋ψ_w 风荷载
门洞转换横梁强度	永久荷载＋施工荷载＋ψ_c 其他可变荷载
榫卯支撑脚手架倾覆	永久荷载＋施工荷载及其他可变荷载＋风荷载

注：1　ψ_c 为其他可变荷载组合值系数，取 0.7；

　　2　倾覆计算时，当可变荷载对抗倾覆有利时，抗倾覆荷载组合计算可不计入可变荷载。

4.4.3　对榫卯脚手架立杆的地基进行承载力极限状态设计时，应按表 4.4.3 的规定采用荷载的基本组合。

表 4.4.3　榫卯脚手架立杆地基承载力荷载的基本组合

计算项目	荷载的基本组合
榫卯双排脚手架	永久荷载＋施工荷载
榫卯支撑脚手架	永久荷载＋施工荷载＋ψ_c 其他可变荷载＋ψ_w 风荷载

4.4.4　对榫卯脚手架结构及构配件进行正常使用极限状态设计时，应按表 4.4.4 的规定采用荷载的标准组合。

表 4.4.4　榫卯脚手架荷载的标准组合

计算项目	荷载标准组合
榫卯双排脚手架水平杆挠度	永久荷载＋施工荷载
榫卯支撑脚手架水平杆挠度 门洞转换横梁挠度	永久荷载＋施工荷载＋其他可变荷载 （模板榫卯支撑脚手架仅取永久荷载）

5 设　计

5.1　一　般　规　定

5.1.1　榫卯脚手架的结构设计应采用以概率理论为基础的极限状态设计方法，以分项系数的设计表达式进行设计，并应按承载能力极限状态和正常使用极限状态分别进行设计。

5.1.2　榫卯脚手架的设计应根据建筑物上部结构与地基基础型式、荷载及荷载组合情况、场地地质条件及施工条件等进行设计。

5.1.3　榫卯双排脚手架和榫卯支撑脚手架设计计算，应包括下列内容：

 1　榫卯双排脚手架：

  1）水平杆抗弯强度、挠度，节点连接强度；

  2）立杆稳定承载力；

  3）连墙件强度、稳定承载力和连接强度；

  4）立杆地基承载力。

 2　榫卯支撑脚手架：

  1）水平杆抗弯强度、挠度，节点连接强度；

  2）立杆稳定承载力；

  3）立杆地基承载力；

  4）当设置门洞时，应进行门洞转换横梁强度和挠度计算；

  5）架体抗倾覆能力计算。

5.1.4　榫卯脚手架的荷载与荷载组合应按正常搭设和正常使用条件下的荷载与荷载组合进行设计，可不计入偶然作用、地震荷载作用。

5.1.5　榫卯脚手架结构设计应根据脚手架类别、搭设高度和荷载标准值采用不同的安全等级。榫卯脚手架安全等级的划分应符合表 5.1.5 的规定。

表 5.1.5　榫卯脚手架的安全等级

类别	搭设高度（m）	荷载标准值（kN）	安全等级
榫卯双排脚手架	≤40	—	Ⅱ
	>40	—	Ⅰ
榫卯支撑脚手架	≤8	≤15kN/m² 或≤20kN/m 或≤7kN/每点	Ⅱ
	>8	>15kN/m² 或>20kN/m 或>7kN/每点	Ⅰ

注：榫卯支撑脚手架的搭设高度、荷载中任一项不满足安全等级为Ⅱ级的条件时，其安全等级应划为Ⅰ级。

5.1.6　当进行承载能力极限状态设计时，榫卯脚手架结构重要性系数取值应符合表 5.1.6 的规定。

表 5.1.6　榫卯脚手架结构重要性系数 γ_0

结构重要性系数	榫卯脚手架的安全等级	
	Ⅰ	Ⅱ
γ_0	1.1	1.0

5.1.7　榫卯脚手架结构设计计算应依据施工工况选择具有代表性的最不利杆件及构配件，以其最不利截面和最不利工况作为计算条件，计算单元的选取应符合下列规定：

　1　应选取受力最大的杆件、构配件；

　2　应选取跨距、间距、步距增大和几何形状、承力特性改变部位的杆件、构配件；

　3　应选取架体构造变化处或薄弱处的杆件、构配件；

　4　当榫卯脚手架上有集中荷载作用时，尚应选取集中荷载作用范围内受力最大的杆件、构配件。

5.1.8 当无风荷载作用时，榫卯脚手架立杆宜按轴心受压杆件计算；当有风荷载作用时，榫卯脚手架立杆宜按压弯杆件计算。

5.1.9 当采用本标准第 6.2.1 条规定的架体构造尺寸时，榫卯双排脚手架架体可不进行设计计算，但连墙件和立杆地基承载力应根据实际情况进行设计计算。

5.1.10 榫卯脚手架杆件长细比应符合下列规定：

1 立杆长细比不应大于 210；

2 斜撑杆和剪刀撑斜杆长细比不应大于 250；

3 受拉杆件长细比不应大于 350。

5.1.11 榫卯脚手架受弯构件的容许挠度应符合表 5.1.11 的规定。

表 5.1.11 受弯构件的容许挠度（mm）

构件类别	容许挠度 [v]
脚手板、水平杆	$l/150$ 与 10mm 取较小值
悬挑受弯杆件	$l/400$
榫卯支撑脚手架受弯构件	$l/400$

注：l 为受弯构件的计算跨度（mm）；对悬挑构件为其悬伸长度的 2 倍。

5.1.12 钢材的强度设计值与弹性模量应按表 5.1.12 的规定取值。

表 5.1.12 钢材的强度设计值与弹性模量（N/mm²）

项目	Q235 级钢	Q355 级钢
抗拉、抗压和抗弯强度设计值 f	205	300
弹性模量 E	2.06×10^5	

5.1.13 榫卯脚手架钢管截面特性参数可按表 5.1.13 的规定采用。

表 5.1.13 钢管截面特性

外径 ϕ (mm)	壁厚 t (mm)	截面面积 A (cm²)	惯性矩 I (cm⁴)	截面模量 W (cm³)	回转半径 i (cm)	每米长质量 (kg/m)
48.3	3.5	4.93	12.43	5.15	1.59	3.87

注：钢管外径、壁厚尺寸偏差在标准规定范围内变化时，截面特性应按实际计算。

5.1.14 榫卯脚手架杆件连接节点及可调托撑、可调底座的承载力设计值应按表 5.1.14 的规定取值。

表 5.1.14 榫卯脚手架杆件连接节点及可调托撑、可调底座的承载力设计值

项目		承载力设计值（kN）
榫卯节点	水平杆方向抗拉	30
	插座与立杆焊接的抗剪、竖向抗压	50
	立杆连接节点抗拉	15
	可调托撑、可调底座抗压	80
扣件节点抗剪（抗滑）	单扣件	8
	双扣件	12

5.2 榫卯双排脚手架计算

5.2.1 榫卯双排脚手架水平杆抗弯强度应按下列公式计算：

$$\frac{\gamma_0 M_s}{W} \leqslant f \qquad (5.2.1\text{-}1)$$

$$M_s = 1.3 M_{Gk} + 1.5 M_{Qk} \qquad (5.2.1\text{-}2)$$

式中：M_s——水平杆弯矩设计值（N·mm）；

W——水平杆的截面模量（mm³），按本标准表 5.1.13 的规定取值；

M_{Gk}——水平杆由脚手板自重等永久荷载产生的弯矩标准值（N·mm）；

M_{Qk}——水平杆由施工荷载产生的弯矩标准值（N·mm）；

f——钢材的抗弯强度设计值（N/mm²），按本标准表 5.1.12 的规定取值。

5.2.2 榫卯双排脚手架水平杆的挠度应符合下式要求：

$$\upsilon \leqslant [\upsilon] \qquad (5.2.2)$$

式中：υ——水平杆挠度（mm）；

$[\upsilon]$——容许挠度（mm），按本标准第 5.1.11 条的规定取值。

5.2.3 当计算榫卯双排脚手架水平杆的内力和挠度时，水平杆宜按简支梁计算，计算跨度应取对应的立杆间距。

5.2.4 榫卯双排脚手架立杆稳定承载力应按下列公式计算：

1 当无风荷载时：

$$\frac{\gamma_0 N}{\varphi A} \leqslant f \tag{5.2.4-1}$$

2 当有风荷载时：

$$\frac{\gamma_0 N}{\varphi A} + \frac{\gamma_0 M_w}{W} \leqslant f \tag{5.2.4-2}$$

式中：N——立杆的轴向力设计值（N），按本标准第 5.2.5 条的规定计算；

φ——轴心受压构件的稳定系数，可根据立杆长细比 λ，按本标准表 B.0.4 的规定取值；

λ——长细比，$\lambda = \dfrac{l_0}{i}$；

l_0——立杆计算长度（mm），按本标准第 5.2.7 条的规定计算；

i——截面回转半径（mm），按本标准表 5.1.13 的规定采用；

A——立杆的毛截面面积（mm²），按本标准表 5.1.13 的规定采用；

W——立杆的截面模量（mm³），按本标准表 5.1.13 的规定采用；

M_w——立杆由风荷载产生的弯矩设计值（N·mm），按本标准第 5.2.6 条的规定计算；

f——钢材的抗压强度设计值（N/mm²），按本标准表 5.1.12 的规定采用。

5.2.5 榫卯双排脚手架立杆的轴向力设计值，应按下式计算：

$$N = 1.3 \sum N_{G1k} + 1.5 \sum N_{Q1k} \tag{5.2.5}$$

式中：$\sum N_{G1k}$——由架体结构及附件自重产生的立杆轴向力标准值总和；

ΣN_{Q1k}——由施工荷载产生的立杆轴向力标准值总和。

5.2.6 榫卯双排脚手架立杆由风荷载产生的弯矩设计值，应按下列公式计算：

$$M_w = \psi_w \gamma_Q M_{wk} \qquad (5.2.6\text{-}1)$$

$$M_{wk} = 0.05\xi w_k l_a H_c^2 \qquad (5.2.6\text{-}2)$$

式中：M_w——立杆由风荷载产生的弯矩设计值（N·mm）；

ψ_w——风荷载组合值系数，取值 0.6；

γ_Q——可变荷载分项系数，取值 1.5；

M_{wk}——立杆由风荷载产生的弯矩标准值（N·mm）；

ξ——弯矩折减系数，当连墙件设置为二步距时，取 0.6；当连墙件设置为三步距时，取 0.4；

w_k——风荷载标准值（N/mm²），按本标准第 4.2.7 条的规定计算；

l_a——立杆纵向间距（mm）；

H_c——连墙件间竖向垂直距离（mm）。

5.2.7 榫卯双排脚手架立杆计算长度，应按下式计算：

$$l_0 = k\mu h \qquad (5.2.7)$$

式中：k——立杆计算长度附加系数，取 1.155，当验算立杆容许长细比时，取 1.0；

μ——立杆计算长度系数，当连墙件设置为两步三跨时，取 1.6；当连墙件设置为三步三跨时，取 1.8；

h——步距（mm）。

5.2.8 榫卯双排脚手架立杆稳定性计算部位的确定，应符合下列规定：

1 当采用相同的步距、立杆纵距、立杆横距和连墙件间距时，应计算底层立杆段；

2 当榫卯脚手架的步距、立杆纵距、立杆横距和连墙件间距调整时，除计算底层立杆段外，尚应对出现最大步距或最大立杆纵距、立杆横距、连墙件间距等部位的立杆段进行验算。

5.2.9 榫卯双排脚手架允许搭设高度应按下列公式计算，并应取较小值：

1 当无风荷载时：

$$[H] = \frac{\varphi A f / \gamma_0 - (1.3 \sum N_{Gk2} + 1.5 \sum N_{Q1k})}{1.3 g_k}$$

$$(5.2.9\text{-}1)$$

2 当有风荷载时：

$$[H] = \frac{\varphi A f / \gamma_0 - (1.3 \sum N_{Gk2} + 1.5 \sum N_{Q1k} + \varphi A M_w / W)}{1.3 g_k}$$

$$(5.2.9\text{-}2)$$

式中：$[H]$——榫卯双排脚手架允许搭设高度（m）；

$\sum N_{Gk2}$——附件自重产生的立杆轴向力标准值总和（kN）；

g_k——立杆承受的每米结构自重标准值（kN/m），可按本标准表 B.0.1 的规定采用。

5.2.10 榫卯脚手架杆件连接节点承载力，应按下式计算：

$$\gamma_0 F_J \leqslant F_{JR} \qquad (5.2.10)$$

式中：F_J——作用于榫卯脚手架杆件连接节点的荷载设计值（kN）；

F_{JR}——榫卯脚手架杆件连接节点的承载力设计值（kN），应按本标准表 5.1.14 的规定采用。

5.2.11 榫卯双排脚手架连墙杆件的强度及稳定承载力，应按下列公式计算：

1 强度：

$$\frac{\gamma_0 N_L}{A_n} \leqslant 0.85 f \qquad (5.2.11\text{-}1)$$

2 稳定：

$$\frac{\gamma_0 N_L}{\varphi A} \leqslant 0.85 f \qquad (5.2.11\text{-}2)$$

$$N_L = N_{Lw} + N_0 \qquad (5.2.11\text{-}3)$$

$$N_{Lw} = 1.5 w_k L_c H_c \qquad (5.2.11\text{-}4)$$

式中：N_L——连墙杆件轴向力设计值（N）；

N_{Lw}——连墙杆件由风荷载产生的轴向力设计值（N）；

N_0——连墙杆件约束脚手架平面外变形所产生的轴向力设计值（N），取 3.0kN；

A_n——连墙杆件的净截面面积（mm²）；

A——连墙杆件的毛截面面积（mm²）；

φ——轴心受压构件的稳定系数，根据连墙杆件长细比，按本标准表 B.0.4 的规定取值；

L_c——连墙杆件间水平投影距离（mm）；

H_c——连墙杆件间竖向垂直距离（mm）；

f——连墙杆件钢材的强度设计值（N/mm²），按本标准表 5.1.12 的规定采用。

5.2.12 榫卯双排脚手架连墙件与架体、连墙件与建筑结构连接的承载力，应按下式计算：

$$\gamma_0 N_L \leqslant N_{LR} \qquad (5.2.12)$$

式中：N_L——连墙杆件轴向力设计值（N）；

N_{LR}——连墙件与建筑结构连接的抗拉（压）承载力设计值（N）。

5.2.13 当采用钢管扣件做连墙件时，扣件抗滑承载力应按下式验算：

$$\gamma_0 N_L \leqslant R_c \qquad (5.2.13)$$

式中：R_c——扣件抗滑承载力设计值（kN），一个直角扣件应取 8.0kN。

5.3 榫卯支撑脚手架计算

5.3.1 榫卯支撑脚手架顶部施工层荷载应通过可调托撑轴心传递给立杆。

5.3.2 榫卯支撑脚手架受弯杆件的强度应按本标准式（5.2.1-1）计算，其弯矩设计值应按下列公式计算：

$$M_s = 1.3 \sum M_{Gk} + 1.5 \sum M_{Qk} \qquad (5.3.2)$$

式中：M_s——榫卯支撑脚手架受弯杆件弯矩设计值（N·mm）；

$\sum M_{Gk}$——榫卯支撑脚手架受弯杆件由永久荷载产生的弯矩

标准值总和（N·mm）；

$\sum M_{Qk}$——榫卯支撑脚手架受弯杆件由可变荷载产生的弯矩标准值总和（N·mm）。

5.3.3 榫卯支撑脚手架水平受弯杆件的挠度应按本标准第5.2.2条的规定计算；水平杆宜按简支梁计算，计算跨度应取对应的立杆间距。

5.3.4 榫卯支撑脚手架立杆稳定承载力计算，应符合下列规定：

1 当无风荷载时，应按本标准式（5.2.4-1）计算，立杆的轴向力设计值应按本标准式（5.3.5-1）计算；

2 当有风荷载时，应分别按本标准式（5.2.4-1）、式（5.2.4-2）计算，并应同时满足稳定承载力要求。立杆的轴向力设计值和弯矩设计值计算应符合下列规定：

  1）当按本标准式（5.2.4-1）计算时，立杆的轴向力设计值应按本标准式（5.3.5-2）计算。

  2）当按本标准式（5.2.4-2）计算时，立杆的轴力设计值应按本标准式（5.3.5-1）计算；立杆由风荷载产生的弯矩设计值，应按本标准第5.3.9条的规定计算。

3 立杆轴心受压稳定系数，应根据反映榫卯支撑脚手架整体稳定因素的立杆长细比，按本标准表B.0.4取值；立杆计算长度应按本标准第5.3.10条的规定计算。

5.3.5 榫卯支撑脚手架立杆的轴向力设计值计算，应符合下列规定：

1 不组合由风荷载产生的立杆附加轴力时，应按下式计算：

$$N = 1.3(\sum N_{G1k} + \sum N_{G2k}) + 1.5(\sum N_{Q1k} + 0.7\sum N_{Q2k})$$
$$(5.3.5\text{-}1)$$

2 组合由风荷载产生的附加轴力时，应按下式计算：

$$N = 1.3(\sum N_{G1k} + \sum N_{G2k}) + 1.5(\sum N_{Q1k} + 0.7\sum N_{Q2k} + 0.6N_{wk})$$
$$(5.3.5\text{-}2)$$

式中：$\sum N_{G1k}$——由架体结构及附件自重产生的立杆轴向力标准值总和；

ΣN_{G2k} ——模板榫卯支撑脚手架：由模板、支撑梁、钢筋混凝土自重产生的立杆轴向力标准值总和；

钢结构榫卯支撑脚手架及非模板榫卯支撑脚手架：由可调托撑上主梁、次梁、支撑板等的自重，支撑架上的建筑结构材料及堆放物等的自重产生的立杆轴向力标准值总和；

ΣN_{Q1k} ——由施工荷载产生的立杆轴向力标准值总和；

ΣN_{Q2k} ——由其他可变荷载产生的立杆轴向力标准值总和；

N_{wk} ——由风荷载产生的立杆最大附加轴向力标准值。

5.3.6 榫卯支撑脚手架在风荷载作用下，计算单元立杆产生的附加轴向力（图5.3.6）可按线性分布确定，并可按下式计算立杆最大附加轴向力标准值：

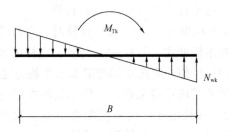

图5.3.6 风荷载作用下立杆附加轴向力分布示意图

$$N_{wk} = \frac{6n}{(n+1)(n+2)} \times \frac{M_{Tk}}{B} \qquad (5.3.6)$$

式中：N_{wk} ——由风荷载产生的立杆最大附加轴向力标准值（N）；

n ——计算单元立杆跨数；

M_{Tk} ——榫卯支撑脚手架计算单元在风荷载作用下的倾覆力矩标准值（N·mm）；

B ——榫卯支撑脚手架横向宽度（mm）。

5.3.7 风荷载作用在榫卯支撑脚手架上产生的倾覆力矩标准值

计算（图 5.3.7），可取榫卯支撑脚手架的一列横向（取短边方向）架体及对应范围内的顶部竖向栏杆围挡（模板）作为计算单元，并宜按下列公式计算：

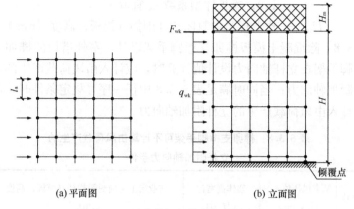

(a) 平面图　　　　　　　　　(b) 立面图

图 5.3.7　风荷载沿架体横向作用示意图

$$M_{Tk} = \frac{1}{2} H^2 \cdot q_{wk} + H \cdot F_{wk} \qquad (5.3.7\text{-}1)$$

$$q_{wk} = l_a \cdot w_{fk} \qquad (5.3.7\text{-}2)$$

$$F_{wk} = l_a H_m \cdot w_{mk} \qquad (5.3.7\text{-}3)$$

式中：M_{Tk} —— 榫卯支撑脚手架计算单元在风荷载作用下的倾覆力矩标准值（N·mm）；

q_{wk} —— 风线荷载标准值（N/mm）；

F_{wk} —— 风荷载作用在榫卯支撑脚手架作业层栏杆围挡（模板）上产生的水平力标准值（N），作用在架体顶部；

H —— 榫卯支撑脚手架高度（mm）；

l_a —— 立杆纵向间距（mm）；

w_{fk} —— 榫卯支撑脚手架整体风荷载标准值（N/mm²），可根据榫卯支撑脚手架整体风荷载体型系数 μ_{stw} 按本标准第 4.2.7 条的规定计算；

w_{mk}——榫卯支撑脚手架作业层栏杆围挡（模板）的风荷载标准值（N/mm^2），按本标准第 4.2.7 条的规定计算；封闭栏杆（含安全网）体型系数 μ_s 宜取 1.0；模板体型系数 μ_s 宜取 1.3；

H_m——作业层竖向封闭栏杆围挡（模板）高度（mm）。

5.3.8 除混凝土模板榫卯支撑脚手架以外，室外搭设的榫卯支撑脚手架在立杆轴向力设计值计算时，应计入由风荷载产生的立杆附加轴向力；当同时满足表 5.3.8 中任一序号规定条件时，可不计入由风荷载产生的立杆附加轴向力。

表 5.3.8 榫卯支撑脚手架可不计算由风荷载产生的
立杆附加轴向力条件

序号	基本风压值 w_0（kN/m^2）	架体高宽比（H/B）	作业层上竖向封闭栏杆（模板）高度（m）
1	≤0.2	≤2.5	≤1.2
2	≤0.3	≤2.0	≤1.2
3	≤0.4	≤1.7	≤1.2
4	≤0.5	≤1.5	≤1.2
5	≤0.6	≤1.3	≤1.2
6	≤0.7	≤1.2	≤1.2
7	≤0.8	≤1.0	≤1.2
8	按构造要求设置了连墙件或采取了其他防倾覆措施		

5.3.9 榫卯支撑脚手架立杆由风荷载产生的弯矩设计值应按本标准式（5.2.6-1）计算，弯矩标准值应按下式计算：

$$M_{wk} = \frac{l_a \, w_k h^2}{10} \qquad (5.3.9)$$

式中：M_{wk}——立杆由风荷载产生的弯矩标准值（N·mm）；

l_a——立杆纵向间距（mm）；

w_k——榫卯支撑脚手架风荷载标准值（N/mm²），应以单榀桁架体型系数 μ_{st} 按本标准第4.2.7条的规定计算；

h——步距（mm）。

5.3.10 榫卯支撑脚手架立杆的计算长度应按下列公式计算，应取整体稳定计算结果最不利值：

顶部立杆段：　　　$l_0 = k\mu_1(h + 2a)$　　　（5.3.10-1）

非顶部立杆段：　　$l_0 = k\mu_2 h$　　　　　　（5.3.10-2）

式中：k——榫卯支撑脚手架立杆计算长度附加系数，按表5.3.10-1采用；

　　　h——步距（mm）；

　　　a——立杆伸出顶层水平杆中心线至支撑点的长度；不应大于0.5m，当 $0.2m < a < 0.5m$ 时，承载力可按线性插入值；

μ_1、μ_2——考虑榫卯支撑脚手架整体稳定因素的立杆计算长度系数，按本标准表5.3.10-2、表5.3.10-3的规定取值。

表5.3.10-1　榫卯支撑脚手架立杆计算长度附加系数取值

高度 H（m）	$H \leqslant 5$	$5 < H \leqslant 10$	$10 < H \leqslant 20$	$20 < H \leqslant 30$
k	1.427	1.464	1.504	1.595

注：当验算立杆允许长细比时，取 $k=1$。

表5.3.10-2　榫卯支撑脚手架立杆计算长度系数 μ_1

步距 （m）	立杆间距（m）			
	1.5×1.5~0.9×0.9(不含0.9×0.9)		0.9×0.9(含0.9×0.9)~0.3×0.3	
	高宽比不大于2		高宽比不大于2	
	最少跨数3		最少跨数4	
	$a=0.5m$	$a=0.2m$	$a=0.5m$	$a=0.2m$
1.8	0.817	1.004	0.755	0.925
1.5	0.864	1.096	0.795	1.004

续表 5.3.10-2

步距 (m)	立杆间距(m)			
	1.5×1.5～0.9×0.9(不含 0.9×0.9)		0.9×0.9(含 0.9×0.9)～0.3×0.3	
	高宽比不大于 2		高宽比不大于 2	
	最少跨数 3		最少跨数 4	
	$a=0.5$m	$a=0.2$m	$a=0.5$m	$a=0.2$m
1.2	0.925	1.222	0.852	1.122
1.0	0.969	1.328	0.882	1.203
0.6	1.102	1.684	0.993	1.510
0.5	1.176	1.871	1.059	1.677

注：1 立杆间距两级之间，纵向间距与横向间距不同时，计算长度系数按较大间距对应的计算长度系数取值；

2 榫卯支撑脚手架高宽比大于 2 且不大于 3 时，立杆的稳定承载力计算时，对式（5.2.4-1）、式（5.2.4-2）右端抗压强度设计值乘以 0.85 折减系数。

表 5.3.10-3　榫卯式钢管支撑脚手架立杆计算长度系数 μ_2

步距 (m)	立杆间距(m)	
	1.5×1.5～0.9×0.9(不含 0.9×0.9)	0.9×0.9(含 0.9×0.9)～0.3×0.3
	高宽比不大于 2	高宽比不大于 2
	最少跨数 3	最少跨数 4
1.8	1.227	1.130
1.5	1.388	1.271
1.2	1.629	1.496
1.0	1.859	1.684
0.6	2.807	2.516
0.5	3.369	3.019

注：同表 5.3.10-2。

5.3.11　榫卯支撑脚手架最少跨数少于表 5.3.10-2、表 5.3.10-3 规定的最少跨数时，应符合下列规定：

1　榫卯支撑架高度不应超过一个建筑楼层高度，且不应超过 5m；

2 被支承结构自重面荷载和线荷载标准值分别不应大于 5kN/m² 和 6kN/m。

5.3.12 榫卯支撑脚手架立杆稳定承载力计算部位的确定应符合下列规定：

1 当采用相同的步距、立杆纵距、立杆横距时，应计算底层与顶层立杆段；

2 当架体的步距、立杆纵距、立杆横距有变化时，除计算底层与顶层立杆段外，尚应对出现最大步距、最大立杆纵距、立杆横距等部位的立杆段进行验算；

3 当架体上有集中荷载作用时，尚应计算集中荷载作用范围内受力最大的立杆段。

5.3.13 模板榫卯支撑脚手架应根据施工工况对连续支撑进行设计计算，并应按最不利的工况计算确定支撑层数。

5.3.14 当榫卯支撑脚手架设置门洞时，门洞转换横梁的抗弯和受剪承载力、稳定承载力和挠曲变形计算应符合现行国家标准《钢结构设计标准》GB 50017 的规定。

5.3.15 在水平风荷载作用下，榫卯支撑脚手架的抗倾覆承载力应按下式计算：

$$B^2 l_a(g_{1k} + g_{2k}) + 2\sum_{j=1}^{n} G_{jk}b_j \geqslant 3\gamma_0 M_{Tk} \qquad (5.3.15)$$

式中：B——榫卯支撑脚手架横向宽度（mm）；

l_a——立杆纵向间距（mm）；

g_{1k}——均匀分布的架体自重等面荷载标准值（N/mm²）；

g_{2k}——均匀分布的架体上部的模板等物料自重面荷载标准值（N/mm²）；

G_{jk}——榫卯支撑脚手架计算单元上集中堆放的物料自重标准值（N）；

b_j——榫卯支撑脚手架计算单元上集中堆放的物料至倾覆原点的水平距离（mm）；

M_{Tk} ——榫卯支撑脚手架计算单元在风荷载作用下的倾覆力
矩标准值（N·mm），按本标准第 5.3.7 条的规定
计算。

5.3.16 榫卯支撑脚手架侧向与既有建筑结构无可靠连接、无缆
风绳设置、未采取其他防倾覆的措施，架体高宽比大于 2 时，应
进行架体抗倾覆承载力验算。

5.4 地基承载力计算

5.4.1 榫卯脚手架立杆地基承载力应按下式计算：

$$P_k = \frac{N_k}{A_g} \leqslant f_a \tag{5.4.1}$$

式中：P_k ——榫卯脚手架立杆基础底面的平均压力标准值（N/
mm^2）；

N_k ——上部结构传至立杆基础顶面的轴向力标准值（N）；

A_g ——立杆基础底面面积（mm^2），当基础底面面积大于
0.3m^2 时，计算所采用的取值不超过 0.3m^2；

f_a ——修正后的地基承载力特征值（MPa）。

5.4.2 修正后的地基承载力特征值应按下式计算：

$$f_a = m_f f_{ak} \tag{5.4.2}$$

式中：m_f ——地基承载力修正系数，按表 5.4.2 的规定采用；

f_{ak} ——地基承载力特征值，可由荷载试验、其他原位测
试、公式计算并结合工程实践经验等方法综合
确定。

表 5.4.2 地基承载力修正系数 m_f

地基土类别	修正系数	
	原状土	分层回填夯实土
碎石土、砂土	0.8	0.4
粉土、黏土	0.7	0.5
岩石、混凝土	1.0	—

5.4.3 对搭设在楼面等建筑结构上的榫卯脚手架，应对建筑结构进行承载力和变形验算，当不能满足承载力要求时，应采取在建筑结构下方设置附加支撑等加固措施。

6 构 造 要 求

6.1 一 般 规 定

6.1.1 榫卯脚手架地基基础应符合下列规定：

1 地基应平整坚实，应满足承载力和变形要求，立杆底端应无松动、无悬空，场地应有排水措施，不应有积水；

2 地基土上的立杆底部宜设置底座和混凝土垫层，垫层混凝土强度等级不应低于 C15，厚度不宜小于 150mm；当采用垫板代替混凝土垫层时，垫板宜采用厚度不小于 50mm、宽度不小于 200mm、长度不少于两跨的木垫板；

3 混凝土结构层上的立杆底部宜设置底座或垫板；

4 对承载力不足的地基土或混凝土结构层，应进行加固处理；

5 对湿陷性黄土、膨胀土、软土等特殊性岩土地基应采取防水处理措施；

6 冬期施工应采取防冻胀措施；

7 当基础表面高差较小时，可采用可调底座调整；当基础表面高差较大时，可利用立杆节点位置间距配合可调底座进行调整，且高处的立杆距离坡顶边缘不宜小于 500mm。

6.1.2 榫卯双排脚手架起步立杆应采用不同型号或不同长度的杆件交错布置，架体相邻立杆接头应错开设置，不应设置在同步内，相邻立杆接头错开距离不宜小于 500mm。

6.1.3 榫卯脚手架的水平杆应按步距沿架体的纵向、横向连续设置，不得缺失。在立杆的底部应延架体的纵向、横向连续设置扫地杆，扫地杆的轴心距地面高度不应超过 400mm。水平杆和扫地杆应与相邻立杆连接牢固。

6.1.4 榫卯脚手架可采用钢管扣件设置剪刀撑，剪刀撑杆件设置应符合下列规定：

1 竖向剪刀撑交叉斜杆宜分别采用旋转扣件设置在立杆的外侧；

2 竖向剪刀撑斜杆与地面的倾角应在 45°～60°之间；

3 剪刀撑杆件应每步与交叉处立杆或水平杆扣接，剪刀撑布置应均匀、对称；

4 剪刀撑杆件接长应采用搭接或对接，采用搭接接头时搭接长度不应小于 1m，并应采用不少于 2 个旋转扣件扣紧，且杆端距端部扣件盖板边缘的距离不应小于 100mm，搭接长度以扣件中心计算；

5 扣件扭紧力矩应为 40N·m～65N·m。

6.1.5 榫卯脚手架作业层的设置应符合下列规定：

1 作业层上脚手板应铺满、铺实、铺设牢固；

2 工具式钢脚手板应有挂钩，并应带有自锁装置与作业层横向水平杆锁紧；

3 木脚手板、竹串片脚手板两端应与水平杆绑扎牢固，作业层相邻两根横向水平杆间应加设间水平杆；作业层端部脚手板探头长度不应大于 150mm；

4 立杆节点间距按 0.6m 模数设置时，应在外侧立杆 0.6m 和 1.2m 高的节点处分别搭设两道防护栏杆；当立杆节点间距按 0.5m 模数设置时，应在外侧立杆 0.5m 和 1.0m 高的节点处分别搭设两道防护栏杆，并应在外立杆的内侧设置高度为 180mm 的挡脚板；

5 作业层脚手板下应采用安全平网兜底，作业层以下每隔不超过 10.0m 应采用安全平网封闭；

6 作业平台外侧立面应采用密目安全网进行封闭，密目安全网应与架体绑扎固定牢固，网间连接应严密。密目安全网宜设置在脚手架外立杆的内侧；密目安全网应为阻燃产品，网目密度不应低于 2000 目/100cm²。

6.1.6 榫卯脚手架宜设置供施工人员上下通行的专用通道（图 6.1.6），通道的设置应符合下列规定：

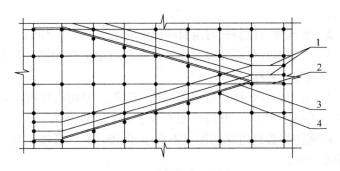

图 6.1.6 通道设置示意图

1—护栏；2—平台脚手板；3—人行梯道或坡道脚手板；

4—增设水平杆

1 人行梯的通道坡度不宜大于 1：1；人行坡道的坡度不宜大于 1：3，坡面上应设置防滑条；

2 通道宽度不宜小于 900mm，并应在通道脚手板下增设水平杆，通道可折线上升；通道应与架体连接固定；

3 拐弯处应设置转换平台，其宽度不应小于通道宽度；

4 通道两侧及平台外围均应设置两道防护栏杆及挡脚板；上道防护栏杆高度为 1.2m，下道栏杆居中设置，挡脚板高度为 180mm；

5 专用通道宜设置在脚手架结构内，人行坡道设置应符合现行行业标准《建筑施工扣件式钢管脚手架安全技术规范》JGJ 130 的有关规定。

6.2 榫卯双排脚手架

6.2.1 常用密目式安全立网全封闭榫卯双排脚手架结构的设计尺寸，可按表 6.2.1 的规定采用。

6.2.2 榫卯双排脚手架的宽度不应小于 0.9m，且不宜大于 1.2m。作业层高度不宜小于 1.8m，且不宜大于 2.0m。

6.2.3 榫卯双排脚手架的搭设高度不宜超过 23.0m。

表 6.2.1　常用密目式安全立网全封闭榫卯双排
脚手架的设计尺寸（m）

连墙件设置	步距 h	横距 l_b	纵距 l_a	双排脚手架允许搭设高度 $[H]$	
				基本风压值 w_0（kN/m²）	
				0.4	0.5
二步三跨	1.8	0.9	1.5	23	23
		1.2	1.2	23	23
	2.0	0.9	1.2	23	23
		1.2	1.2	19	13
三步三跨	1.8	0.9	1.2	23	17
		1.2	1.2	11	5

注：1　装修施工作业层施工荷载标准值按 2.0kN/m² 采用，砌筑工程作业层施工荷载标准值按 3.0kN/m² 采用，脚手板自重标准值按 0.35kN/m² 采用，二层作业施工；

　　2　风荷载标准值计算时，地面粗糙度按 B 类采用；

　　3　当基本风压值、地面粗糙度（为 A 类时）、作业层施工荷载标准、架体设计尺寸等任何一项技术参数超过表 6.2.1 中的规定值时，架体允许搭设高度应另行计算确定。

6.2.4　榫卯双排脚手架应按本标准第 6.1.5 条的规定设置作业层。架体外侧全立面应采用密目安全网进行封闭。

6.2.5　榫卯双排脚手架内立杆与建筑物距离不宜大于 150mm；当内立杆与建筑物距离大于 150mm 时，应采用脚手板或安全平网封闭。

6.2.6　榫卯双排脚手架立杆顶端防护栏杆宜高出作业层 1.5m。

6.2.7　当榫卯双排脚手架拐角为直角时，宜采用带榫卯连接头的水平杆直接组架（图 6.2.7a）；当拐角为非直角时，可采用钢管扣件组架（图 6.2.7b）。

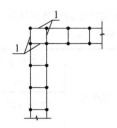
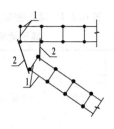

(a) 带榫卯连接头的水平杆组架　　　(b) 钢管扣件拐角组架

图 6.2.7　榫卯双排脚手架拐角组架示意图

1—水平杆；2—钢管扣件

6.2.8 榫卯双排脚手架采用钢管与扣件设置竖向剪刀撑时，应符合下列规定：

1 应在架体外侧两端、转角及中间间隔不超过 15.0m，各设置一道竖向剪刀撑（图 6.2.8），且每道竖向剪刀撑应由底至顶连续设置；

2 每道竖向剪刀撑的宽度应为 4 跨～6 跨，且不应小于 6.0m，也不应大于 9.0m。

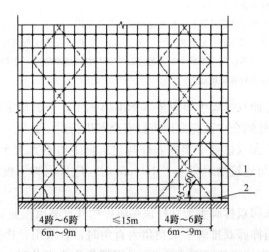

图 6.2.8　榫卯双排脚手架竖向剪刀撑设置示意图

1—竖向剪刀撑；2—扫地杆

6.2.9 榫卯双排脚手架采用钢管与扣件设置横向斜撑时，应符合下列规定：

1 横向斜撑应在同一节间，由底至顶层连续布置，斜撑宜采用旋转扣件固定在与之相交的杆件上，旋转扣件中心至榫卯节点中心的距离不宜大于 150mm；

2 开口型榫卯双排脚手架的两端均应设置横向斜撑。

6.2.10 榫卯双排脚手架连墙件的设置应符合下列规定：

1 连墙件应采用能承受压力和拉力的构造，并应与建筑结构和架体连接牢固；

2 同一层连墙件应设置在同一水平面，连墙点的水平间距不得超过三跨，竖向垂直间距不得超过三步，连墙点之上架体的悬臂高度不得超过两步；

3 在架体的转角处、开口型榫卯双排脚手架的端部应增设连墙件，连墙件的竖向垂直间距不应大于建筑物的层高，且不应大于 4.0m；

4 应从底层第一步水平杆处开始设置；

5 连墙件宜采用菱形布置，也可采用矩形布置；

6 连墙件中的连墙杆宜呈水平设置，也可采用连墙端高于架体端的倾斜设置方式，但其倾斜度不应大于 1:3；

7 连墙件应设置在靠近有横向水平杆的节点处，当采用钢管扣件做连墙件时，连墙件应与立杆连接，连接点距架体主节点距离不应大于 300mm；

8 在榫卯双排脚手架搭设过程中，当架体下部暂不能设连墙件时，应采取防倾覆措施，但无连墙件的架体最大高度不得超过 6.0m。当采用搭设抛撑防倾覆时，抛撑应采用通长杆件，并用旋转扣件固定在立杆上，抛撑与地面的倾角应在 45°～60°之间，连接点中心至主节点的距离不应大于 300mm。抛撑应在连墙件搭设后再拆除。

6.2.11 当榫卯双排脚手架设置门洞时，应在门洞上部架设桁架托梁，门洞两侧立杆应对称加设竖向斜撑杆或剪刀撑

（图 6.2.11）。

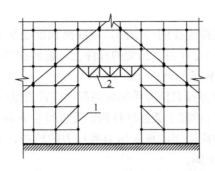

图 6.2.11 榫卯双排脚手架门洞设置示意图
1—榫卯双排脚手架；2—桁架托梁

6.3 榫卯支撑脚手架

6.3.1 榫卯支撑脚手架的立杆间距和步距应按设计计算确定，且间距不宜大于 1.5m，步距不宜大于 1.8m，榫卯支撑脚手架搭设高度不宜超过 30.0m。

6.3.2 对安全等级为Ⅰ级的榫卯支撑脚手架，架体顶层二步距应比标准步距缩小一个节点间距。

6.3.3 榫卯支撑脚手架每根立杆的顶部应设置可调托撑。当被支撑的建筑结构底面存在坡度时，应随坡度调整架体高度，可利用立杆节点位差增设水平杆，并应配合可调托撑进行调整。

6.3.4 立杆顶端可调托撑伸出顶层水平杆的悬臂长度（图 6.3.4）不宜超过 500mm，可调托撑和可调底座螺杆插入立杆的长度不应小于 150mm，伸出立杆的长度不应大于 300mm，安装时其螺杆应与立杆钢管上下同心，且螺杆外径与立杆钢管内径的配合间隙不应大于 2.5mm。

6.3.5 可调托撑上主梁应居中设置，接头宜设置在 U 形托板上，同一立杆轴线位置各可调托撑上主梁接头的数量不应超过 50%。

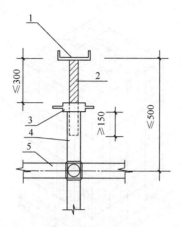

图 6.3.4　立杆顶端可调托撑伸出顶层水平杆的悬臂长度示意图
1—U形托板；2—螺杆；3—调节螺母；4—立杆；5—顶层水平杆

6.3.6　当有既有建筑结构时，榫卯支撑脚手架宜与既有建筑结构可靠连接，并宜符合下列规定：

　　1　连接点竖向间距不宜超过两步，并宜与水平杆同层设置；

　　2　连接点水平向间距不宜大于 8.0m；

　　3　连接点至架体杆件连接节点中心的距离不宜大于 300mm；

　　4　当遇柱时，宜采用抱箍式连接措施；

　　5　当架体两端均有墙体或边梁时，可设置水平杆与墙或梁对撑顶紧。

6.3.7　榫卯支撑脚手架采用钢管与扣件设置竖向剪刀撑时，应符合下列规定：

　　1　安全等级为Ⅱ级的榫卯支撑脚手架应在架体周边、内部纵向和横向不大于 9.0m 设置一道竖向剪刀撑；

　　2　安全等级为Ⅰ级的榫卯支撑脚手架应在架体周边、内部纵向和横向不大于 6.0m 设置一道竖向剪刀撑（图 6.3.7）；

　　3　每道竖向剪刀撑的宽度宜为 6.0m～9.0m，剪刀撑斜杆与水平面的倾角应为 45°～60°，剪刀撑设置应均匀、对称。

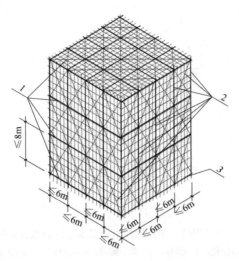

图 6.3.7　榫卯支撑脚手架竖向、水平剪刀撑布置示意图
1—水平剪刀撑；2—竖向剪刀撑；3—扫地杆设置层

6.3.8　榫卯支撑脚手架采用钢管与扣件设置水平剪刀撑时，应符合下列规定：

　　1　安全等级为Ⅱ级的榫卯支撑脚手架宜在架顶处设置一道水平剪刀撑；

　　2　安全等级为Ⅰ级的榫卯支撑脚手架应在架顶、竖向间距不大于 8.0m 各设置一道水平剪刀撑（图 6.3.7）；

　　3　每道水平剪刀撑应连续设置，剪刀撑的宽度宜为 6.0m～9.0m。水平剪刀撑与支架纵（或横）向夹角应为 45°～60°，剪刀撑设置应均匀、对称。

6.3.9　独立的榫卯支撑脚手架架体高宽比不应大于 3。

6.3.10　当榫卯支撑脚手架局部所承受的荷载较大，立杆需加密设置时，加密区的水平杆应向非加密区延伸不少于一跨；非加密区立杆的水平间距应与加密区立杆的水平间距互为倍数。

6.3.11　当榫卯支撑脚手架设置门洞时（图 6.3.11），应符合下列规定：

1 门洞净高不宜大于 5.5m，净宽不宜大于 4.0m；当需设置机动车道且净宽大于 4.0m 时，应采用梁柱式门洞结构；

2 通道上部应架设转换横梁，横梁设置应经过设计计算确定；

3 横梁下立杆数量和间距应由计算确定，且立杆不应少于 4 排，每排横距不应大于 300mm；

4 横梁下立杆应与相邻架体连接牢固，横梁下立杆斜撑杆或剪刀撑应加密设置；

5 横梁下立杆应采用扩大基础，基础应满足防撞要求；

6 转换横梁和立杆之间应设置纵向分配梁和横向分配梁；

7 门洞顶部应采用木板或其他硬质材料全封闭，两侧应设置防护栏杆和安全网；

8 对通行机动车的门洞，洞口净空应满足既有道路通行的安全界限要求，且应按规定设置导向、限高、限宽、减速、防撞等设施及标识。

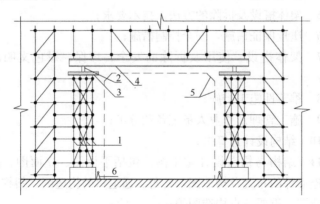

图 6.3.11 门洞设置

1—加密立杆；2—纵向分配梁；3—横向分配梁；4—转换横梁；

5—洞口净空；6—警示及防撞设施（仅用于车行通道）

7 施 工

7.1 施 工 准 备

7.1.1 榫卯脚手架施工前应编制专项施工方案，并应经审核批准后实施。

7.1.2 榫卯脚手架专项施工方案应根据工程设计、环境及条件、工程施工工况编制，应包括下列内容：

    1 工程概况，搭设环境及条件，编制依据；

    2 所用材料、构配件类型及规格；

    3 工程施工进度计划及榫卯脚手架配合计划（包括搭设、拆除施工计划），搭设方案设计；

    4 基础做法及要求；

    5 架体搭设及拆除的方法、技术要求；

    6 质量保证措施，安全控制措施；

    7 架体搭设、使用及拆除的安全、环保、绿色文明施工措施；

    8 季节性施工措施；

    9 施工管理及作业人员配备和分工；

    10 结构设计计算书；

    11 结构与构造设计施工图：包括平面图、立面图、剖面图，连墙件的布置及构造图，转角、通道口的构造图，斜梯布置及构造图，重要节点构造图等；

    12 应急预案。

7.1.3 榫卯脚手架在搭设、拆除作业前，应将榫卯脚手架专项施工方案向施工现场管理人员及作业人员进行安全技术交底。

7.1.4 进入施工现场的榫卯脚手架构配件，在使用前应进行检查和验收，不合格产品不得使用。

7.1.5 经检验合格的构配件及材料应按品种和规格分类堆放整齐、平稳。构配件及材料堆放场地排水应畅通，不得有积水。

7.1.6 榫卯脚手架搭设前，应对场地进行清理、平整，地基应坚实、均匀，并应采取排水措施。

7.1.7 当采取预埋方式设置脚手架连墙件时，应按专项施工方案要求预埋，并应在混凝土浇筑前进行隐蔽工程检查验收。

7.2 地 基 基 础

7.2.1 榫卯脚手架地基基础施工应符合专项施工方案要求，应根据地基承载力要求按现行国家标准《建筑地基基础工程施工质量验收标准》GB 50202 的规定进行验收。

7.2.2 压实填土地基应符合现行国家标准《建筑地基基础设计规范》GB 50007 的规定；灰土地基应符合现行国家标准《建筑地基基础工程施工质量验收标准》GB 50202 的规定。

7.2.3 立杆垫板或底座底面标高宜高于自然地坪 50mm～100mm。

7.3 搭 设

7.3.1 榫卯脚手架立杆垫板、底座应准确放置在定位线上，垫板应平整、无翘曲，不得采用开裂的垫板，底座的轴心线应与地面垂直。

7.3.2 榫卯脚手架应按顺序搭设，并应符合下列规定：

    1 榫卯双排脚手架搭设应按立杆、水平杆、斜杆、连墙件的顺序配合施工进度逐层搭设，一次搭设高度不应超过最上层连墙件两步，自由高度不应大于 4m，且水平向自由长度不应大于 4m；

    2 榫卯支撑脚手架应按先立杆、后水平杆、再剪刀撑斜杆的顺序搭设形成基本架体单元，并应以基本架体单元逐排、逐层扩展搭设成整体支撑架体系，每层搭设高度不宜大于 3.0m；

    3 斜撑杆、剪刀撑等加固件应随架体同步搭设，不得滞后安装。

7.3.3 榫卯双排脚手架连墙件应随架体升高及时在规定位置处设置；当作业层高出相邻连墙件以上两步时，在上层连墙件安装完毕前，应采取临时拉结措施。

7.3.4 榫卯节点安装应牢固，水平杆插头插入立杆插座后应锤击紧固。楔形键插入楔形卯槽后，表面误差不应超过±1mm。

7.3.5 榫卯脚手架每搭完一步架体后，应校正水平杆步距、立杆间距、立杆垂直度和水平杆水平度。

7.3.6 脚手架安全防护网和防护栏杆等防护设施应随架体搭设同步安装到位。

7.3.7 在多层楼板上连续搭设榫卯支撑脚手架时，上下层架体立杆宜对位设置。

7.3.8 模板榫卯支撑脚手架应在架体验收合格后，方可进行下一道工序施工。

7.4 拆 除

7.4.1 榫卯脚手架拆除应按专项方案施工，并应符合下列规定：

　　1 应全面检查架体的节点连接、连墙件、支撑体系等是否符合构造、设计要求；

　　2 应根据检查结果补充完善专项施工方案中的拆除顺序和措施，经审批后方可实施；

　　3 应清除架体上的堆放物及地面障碍物。

7.4.2 当榫卯脚手架分段、分立面拆除时，应确定分界面的技术处理措施，并应按技术处理措施对分界面加固处理后再拆除。分段拆除后，应对保留的架体采取稳固措施。

7.4.3 榫卯双排脚手架的拆除作业应符合下列规定：

　　1 架体拆除应自上而下逐层进行，不应上下层同时拆除；

　　2 连墙件应随架体逐层、同步拆除，不应先将连墙件整层或数层拆除后再拆除架体；

　　3 拆除作业过程中，当架体的自由端高度大于两步时，应增设临时拉结件；

4 斜撑杆、剪刀撑等加固件应在架体拆卸至该部位时，方能拆除。

7.4.4 榫卯支撑脚手架拆除应符合下列规定：

1 拆除作业应分层、分段，应从上而下逐层进行，不应上下同时作业，分段拆除的高度不应大于两步；

2 同层杆件和构配件应按先外后内的顺序拆除；剪刀撑等加固杆件应在拆卸至该部位杆件时再拆除；

3 对多层模板榫卯支撑脚手架结构，当楼层混凝土结构不能满足承载要求时，不应拆除下层支撑架体；

4 对设有缆风绳的架体，缆风绳应对称拆除；

5 模板榫卯支撑脚手架拆除应符合现行国家标准《混凝土结构工程施工规范》GB 50666 中混凝土强度的规定。

7.4.5 在拆除过程中暂停施工时，应对已松开的构件、拆松的架体采取临时固定措施，已拆卸的构配件应放置在安全位置。

7.4.6 榫卯脚手架拆除作业应统一组织，并应设专人指挥，不得交叉作业。

7.4.7 榫卯脚手架的拆除作业不得重锤击打、撬别。拆除的杆件或构配件应采用起重设备吊运或人工搬运至地面，严禁向地面抛掷。

7.4.8 拆除的榫卯脚手架构配件应分类堆放与储存，堆放与储存条件不应影响构配件的品质。

8 验 收

8.1 一般规定

8.1.1 榫卯脚手架应按本标准规定进行检查与验收，应在过程验收、阶段验收、完工验收后方可继续搭设或使用。

8.1.2 榫卯脚手架工程根据施工进度进行质量检查验收，应符合下列规定：

   1 在架体搭设前，应对构配件质量检查验收；

   2 基础完工后及架体搭设前，应对地基基础施工质量检查验收；

   3 首层水平杆搭设后，应对已搭设的架体检查验收；

   4 榫卯双排脚手架每搭设一个楼层高度，阶段使用前、搭设完工后，应对已搭设的架体验收；

   5 榫卯支撑脚手架每搭设 2 步～4 步或不大于 6m、搭设完工后，应对已搭设的架体验收。

8.1.3 榫卯脚手架分项工程质量验收的检验批，可按下列原则划分：

   1 地基基础；

   2 首层水平杆搭设后；

   3 榫卯双排脚手架按每搭设一个楼层高度，或每搭设 4 步高度；

   4 榫卯支撑脚手架按每搭设 4 步高度，或每搭设不大于 6m 高度。

8.1.4 榫卯脚手架搭设工程检验批质量验收合格应符合下列规定：

   1 主控项目的质量检验均应合格；

   2 一般项目的质量检验结果应有 80% 及以上的检查点（值）合格，且最大偏差值不应超过允许偏差值的 1.2 倍；

3 应形成质量检查及验收文件。

8.1.5 榫卯脚手架应按榫卯双排脚手架分项工程、榫卯支撑脚手架分项工程分别验收，分项工程合格标准应符合下列规定：

    1 分项工程所含的各检验批均应符合本标准合格标准；

    2 分项工程所含的各检验批验收记录应完整。

8.1.6 当榫卯脚手架搭设工程施工质量检查不符合要求时，应按下列规定进行处理：

    1 材料、构配件检验批质量检查不合格的，不得使用；

    2 榫卯脚手架搭设质量检查不合格时，经返工或返修后，应重新进行检查验收。

8.1.7 榫卯脚手架工程验收记录应符合本标准附录 C 的规定。

8.2 构 配 件

Ⅰ 主 控 项 目

8.2.1 榫卯脚手架的立杆、水平杆、榫卯节点承载力应符合本标准第 3.0.1～3.0.5、3.0.7 条的规定，榫卯节点力学性能试验方法应符合本标准附录 D 的规定，并应符合下列要求：

    1 应有产品质量合格证及型式检验报告；

    2 钢管外径、壁厚偏差应符合以下要求：

        1） 外径偏差：$48.3^{+0.5}_{-0.5}\,\mathrm{mm}$；

        2） 壁厚偏差：$3.5^{+0.35}_{-0.35}\,\mathrm{mm}$。

    检查数量：750 根为一批，每批抽取 1 根。

    检验方法：检查质量证明文件，游标卡尺测量、尺量检查。

8.2.2 立杆连接套管应符合本标准第 3.0.6 条的要求。

    检查数量：750 根为一批，每批抽取 1 根。

    检验方法：游标卡尺测量、尺量检查。

8.2.3 水平杆插头与立杆插座楔形斜面吻合应符合本标准第 3.0.9、7.3.4 条的规定。

检查数量：1000 节点为一批，每批抽取 1 个节点。

检验方法：外观检查、手搬、锤击检查。

8.2.4 可调底座和可调托撑应符合本标准第 3.0.11~3.0.13 条的规定，并应有质量合格证。

检查数量：构件数量的 3‰。

检验方法：检查质量证明文件，游标卡尺测量检查。

8.2.5 用于榫卯脚手架的剪刀撑、斜拉杆等的钢管、扣件应符合本标准第 3.0.4、3.0.5、3.0.15 条的规定，并应具有质量证明文件。

检查数量：钢管按 500 根一个检验批抽检 1 根，扣件按现行国家标准《钢管脚手架扣件》GB 15831 规定的检查数量查验。

检验方法：查验质量证明文件；钢管用尺量检查；扣件取样试验检查。

Ⅱ 一 般 项 目

8.2.6 钢管的内外表面应光滑，端部应平整，不允许有毛刺、折叠、裂纹、分层、搭焊、断弧、烧穿及其他修磨后深度超过壁厚下偏差的缺陷，钢管应有防锈措施。

检查数量：全数检查。

检验方法：外观检查。

8.2.7 周转使用的榫卯脚手架构配件应在每使用一个安装拆除周期后，对构配件的质量进行检查，应符合表 8.2.7 的规定；当质量偏差超过表 8.2.7 的规定值时，应在维修后使用或报废处理。

表 8.2.7 构配件的允许偏差与检验方法

项目	允许偏差 Δ (mm)	示意图	检验方法
钢管两端面切斜偏差	1.0		塞尺、拐角尺量测

项目		允许偏差 △（mm）	示意图	检验方法
钢管表面锈蚀深度		0.18		在锈蚀严重的钢管中抽取三根，在每根锈蚀严重的部位横向截断取样检查，游标卡尺量测
不带榫卯立杆与水平杆	钢管的端部弯曲 l≤1.5m	5		钢板尺量测
	钢管弯曲 3m<l≤4m 4m<l≤6.5m	8 20		
立杆、水平杆	水平杆插头、立杆插座变形或脱焊	不允许	—	外观检查
立杆	套管变形或脱焊	不允许	—	外观检查
钢管	凹痕	2	—	尺量检查
钢管	折叠	不允许	—	外观检查
可调托撑、可调底座	立柱、螺杆弯曲、托板及底板变形	1	—	尺量检查

检查数量：全数检查。

检验方法：外观检查、尺量检查。

8.2.8 榫卯节点的插座、插头应符合本标准第 3.0.8 条的要求，且榫卯节点连接构件应符合表 8.2.8 的规定。

表 8.2.8 榫卯节点连接构件的尺寸公差、几何公差与检验方法

名称	项目	允许偏差（mm）	检验方法
带榫卯立杆	长度	±0.7	尺量
	杆件直线度	$l/500$	专用量具量测
	杆端面对轴线垂直度	0.3	塞尺、角尺量测
	插座与立杆同轴度	0.5	专用量具量测
	插座间距	±1.0	尺量
带榫卯水平杆	长度	±0.5	尺量
	杆件直线度	$l/500$	专用量具量测
	两端插头平行度	1.0	专用量具量测
插座、插头	插座高度	+0.5, 0	钢板尺量测
	壁厚	+0.2, 0	游标卡尺量测
	插头外径	±0.5	游标卡尺量测

注：l 为杆件长度（mm）。

检查数量：全数检查。

检验方法：外观检查、尺量检查。

8.2.9 榫卯脚手架所用脚手板应符合本标准第 3.0.14 条的规定。

检查数量：全数检查。

检验方法：外观检查、尺量检查。

8.2.10 榫卯脚手架所用安全网应符合本标准第 3.0.16 条的规定。

检查数量：全数检查。

检验方法：检查质量证明文件，外观检查。

8.3 地 基 基 础

Ⅰ 主 控 项 目

8.3.1 榫卯脚手架地基承载力应符合设计要求。

检查数量：每 900m² 不少于 3 个点。

检验方法：符合现行国家标准《建筑地基基础工程施工质量验收标准》GB 50202 的规定。

8.3.2 榫卯脚手架地基基础构造应符合本标准第 6.1.1 条的规定。

检查数量：全数检查。

检验方法：观察，尺量检查。

8.3.3 地基应坚实、平整，地基顶面平整度偏差不应超过 20mm。

检查数量：每 100m² 不少于 3 个点。

检验方法：观察，2m 直尺测量。

8.3.4 搭设场地应有排水措施，且现场不得有积水。

检查数量：全数检查。

检验方法：观察。

Ⅱ 一 般 项 目

8.3.5 立杆底部宜设置底座或垫板，底座、垫板均应在定位线上。

检查数量：不少于 3 处。

检验方法：观察，尺量检查。

8.4 榫卯双排脚手架

Ⅰ 主 控 项 目

8.4.1 榫卯双排脚手架的结构尺寸应符合本标准第 6.2.1～6.2.3 条的规定。

检查数量：全数检查。

检验方法：观察、尺量检查。

8.4.2 榫卯双排脚手架连墙件的设置应符合本标准第 6.2.10 条的规定。

检查数量：全数检查。

检验方法：观察、尺量检查。

8.4.3 榫卯双排脚手架的水平杆、扫地杆设置应符合本标准第6.1.3条的规定。

检查数量：全数检查。

检验方法：观察、尺量检查。

8.4.4 榫卯双排脚手架剪刀撑设置、横向斜撑设置应符合本标准第6.1.4、6.2.8、6.2.9条的规定。

检查数量：全数检查。

检验方法：观察、尺量检查。

8.4.5 榫卯双排脚手架门洞设置应符合设计要求及本标准第6.2.11条的规定。

检查数量：全数检查。

检验方法：观察、尺量检查。

Ⅱ 一 般 项 目

8.4.6 榫卯双排脚手架起步立杆设置应符合本标准第6.1.2条的规定。

检查数量：全数检查。

检验方法：观察、尺量检查。

8.4.7 扣件扭紧力矩应为40N·m～65N·m；

检查数量：符合表8.4.7规定；

检验方法：力矩扳手检查。

表8.4.7 扣件扭紧抽样检查数目及质量判定标准

检查项目	安装扣件数量（个）	抽检数量（个）	允许不合格数量（个）
连接剪刀撑的扣件、接长钢管的扣件	51～90	5	0
	91～150	8	1
	151～280	13	1
	281～500	20	2
	501～1200	32	3
	1201～3200	50	5

检查项目	安装扣件数量 （个）	抽检数量 （个）	允许不合格数量 （个）
连接横向水平杆与 纵向水平杆的扣件 （非主节点处）	51～90	5	1
	91～150	8	2
	151～280	13	3
	281～500	20	5
	501～1200	32	7
	1201～3200	50	10

8.4.8 榫卯双排脚手架拐角处组架应符合本标准第 6.2.7 条的规定。

检查数量：全数检查。

检验方法：观察。

8.4.9 榫卯双排脚手架搭设的允许偏差与检验方法应符合表8.4.9 的规定。

表 8.4.9 榫卯双排脚手架搭设的允许偏差要求与检验方法

检查项目		允许偏差要求	抽检数量	检验方法
可调底座	垂直度	±5mm	全部	经纬仪或吊线和 尺量检查
	插入立杆长度	≥150mm		钢板尺量测
榫卯节点	锁紧度	楔形键插入楔形 卯槽后，表面误 差不应超过 ±1mm	全部	游标卡尺、塞尺、钢 板尺量测
立杆	垂直度	1.8m 高度内偏 差小于 5mm	全部	经纬仪或吊线和 尺量检查
水平杆	水平度	相邻水平杆高差 小于 5mm	全部	水平仪或水平尺量测
架体全高垂直度		≤架体搭设高 度的 1/600， 且＜35mm	每段内外立面 均不少于 4 根 立杆	经纬仪或吊线和 尺量检查

8.5 榫卯支撑脚手架

I 主 控 项 目

8.5.1 榫卯支撑脚手架结构尺寸应符合本标准第 6.3.1、6.3.2 条的规定。

　　检查数量：全数检查。

　　检验方法：观察、尺量检查。

8.5.2 独立的榫卯支撑脚手架高宽比不应大于 3。

　　检查数量：全数检查。

　　检验方法：观察、尺量检查。

8.5.3 可调托撑、可调托撑上的主梁设置应符合本标准第 6.3.3～6.3.5 条的规定。

　　检查数量：全数检查。

　　检验方法：观察、尺量检查。

8.5.4 榫卯支撑脚手架纵向、横向水平杆、扫地杆的设置应符合本标准第 6.1.3 条的规定。

　　检查数量：全数检查。

　　检验方法：观察、尺量检查。

8.5.5 榫卯支撑脚手架剪刀撑的设置应符合本标准第 6.1.4、6.3.7、6.3.8 条的规定。

　　检查数量：全数检查。

　　检验方法：观察、尺量检查。

8.5.6 榫卯支撑脚手架门洞设置应符合本标准第 6.3.11 条的规定。

　　检查数量：全数检查。

　　检验方法：观察、尺量检查。

II 一 般 项 目

8.5.7 扣件扭紧力矩应为 40N・m～65N・m；

　　检查数量：符合表 8.4.7 的规定；

检验方法：力矩扳手检查。

8.5.8 榫卯支撑脚手架局部所承受的荷载较大时，架体搭设应符合本标准第6.3.10条的规定。

检查数量：全数检查。

检验方法：观察。

8.5.9 榫卯支撑脚手架与既有建筑结构连接应符合本标准第6.3.6条的规定。

检查数量：全数检查。

检验方法：观察、尺量检查。

8.5.10 在多层楼板上连续搭设榫卯支撑脚手架时，上下层架体立杆宜对位设置。

检查数量：构件数量的3%。

检验方法：观察、尺量检查。

8.5.11 榫卯支撑脚手架搭设的允许偏差及检验方法应符合表8.5.11的规定。

表 8.5.11　榫卯支撑脚手架搭设的允许偏差及检验方法

检查项目		允许偏差	抽检数量	检验方法
可调底座	垂直度	±5mm	全部	经纬仪或吊线和尺量检查
	插入立杆长度	≥150mm		卷尺量测
可调托撑	螺杆垂直度	±5mm	全部	经纬仪或吊线和尺量检查
	插入立杆长度	≥150mm		卷尺量测
榫卯节点	锁紧度	楔形键插入楔形卯槽后，表面误差不应超过±1mm	全部	游标卡尺、塞尺、钢板尺量测
立杆	垂直度	1.8m高度内偏差小于5mm	全部	经纬仪或吊线和尺量检查

续表 8.5.11

检查项目		允许偏差	抽检数量	检验方法
水平杆	水平度	相邻水平杆高差小于 5mm	全部	水平仪或水平尺量测
架体全高垂直度		≤架体搭设高度的 1/600，且<35mm	每段内外立面均不少于 4 根立杆	经纬仪或吊线和尺量检查

8.6 安全防护设施

Ⅰ 主 控 项 目

8.6.1 榫卯脚手架作业平台脚手板铺设应符合本标准第 6.1.5 条第 1~3 款的规定。

检查数量：全数检查。

检验方法：观察、尺量检查。

8.6.2 作业层上防护栏杆、挡脚板设置应符合本标准第 6.1.5 条第 4 款的规定；榫卯双排脚手架顶端防护栏杆设置应符合本标准第 6.2.6 条的规定。

检查数量：全数检查。

检验方法：观察、尺量检查。

8.6.3 作业平台外侧安全防护网的设置应符合本标准 6.1.5 条第 6 款的规定。

检查数量：全数检查。

检验方法：观察、查验密目安全网产品质量证明文件。

Ⅱ 一 般 项 目

8.6.4 作业层脚手板下应采用安全平网兜底，作业层以下每间隔不超过 10m 应采用安全平网封闭。

检查数量：全数检查。

检验方法：观察、尺量检查。

8.6.5 榫卯双排脚手架内立杆与建筑物间的防护应符合本标准第 6.2.5 条的规定。

检查数量：全数检查。

检验方法：观察、尺量检查。

8.6.6 榫卯脚手架供人员上下专用梯道或坡道的设置应符合本标准第 6.1.6 条的规定。

检查数量：全数检查。

检验方法：观察、尺量检查。

8.6.7 榫卯支撑脚手架门洞顶部防护、交通限高、限宽设施和标识设置应符合本标准第 6.3.11 条第 7、8 款的规定。

检查数量：全数检查。

检验方法：观察、尺量检查。

9 安全管理

9.0.1 施工现场应建立榫卯脚手架工程施工安全管理体系和安全检查、安全考核制度。

9.0.2 榫卯脚手架工程安全管理，应符合下列规定：

    1 搭设和拆除作业前，应对专项施工方案进行审核，并应经审核批准后，方可组织实施；

    2 应查验搭设榫卯脚手架材料、构配件与设备的检查验收和搭设工程施工质量验收文件；

    3 在使用过程中的安全措施、劳动保护、防火要求等，除应符合本标准第 6 章的要求外，尚应符合国家现行有关标准的规定。

9.0.3 榫卯脚手架搭拆人员应经培训合格，并持证上岗。

9.0.4 搭拆榫卯脚手架的现场作业人员应戴安全帽、系安全带、穿防滑鞋上岗。

9.0.5 榫卯脚手架作业层上的荷载不得超过设计允许荷载值。

9.0.6 榫卯支撑脚手架、缆风绳、混凝土输送泵管、卸料平台及大型设备的支承件等严禁固定在榫卯作业脚手架上。榫卯作业脚手架上严禁悬挂起重设备。

9.0.7 榫卯脚手架在使用过程中，应定期进行检查，架体的结构和构造、工作状态、安全使用应符合本标准第 6、8、9 章的要求。当遇有下列情况之一时，应进行检查并应形成记录，确认安全后方可继续使用：

    1 承受偶然荷载后；

    2 遇有 6 级及以上风后；

    3 大雨及以上降水后；

    4 冻结的地基土解冻后；

5 停用超过一个月；

6 架体部分拆除；

7 其他特殊情况。

9.0.8 安全等级为Ⅰ级的榫卯支撑脚手架应编制工程监测方案，并应在使用过程中对脚手架架体进行实时监测。

9.0.9 雷雨天气、6级及以上风应停止架上作业；雨、雪、雾天气应停止脚手架的搭设和拆除作业，雨、雪、霜后上架作业应采取有效的防滑措施，雪天清除积雪。

9.0.10 榫卯脚手架搭设与拆除不应在夜间进行作业。

9.0.11 在榫卯脚手架使用期间，严禁拆除主节点处的纵、横向水平杆、纵、横向扫地杆；严禁拆除连墙件。

9.0.12 榫卯脚手架使用期间，严禁在脚手架立杆基础下方及附近实施挖掘作业。

9.0.13 榫卯支撑脚手架在安装过程中，应采取防倾覆的安全固定措施。

9.0.14 榫卯脚手架搭设及拆除作业时，地面及作业面周边应设警戒线或围栏，以及警戒标识，并应派专人监管，严禁非作业人员入内。搭设及拆除作业面下影响区域内，不得进行其他施工作业。

9.0.15 临街榫卯作业脚手架的外侧面、转角处应采取有效硬防护措施。

9.0.16 在榫卯脚手架内进行电焊、气焊和其他动火作业时，应在动火申请批准后进行作业，并应采取设置接火斗、配置灭火器、移开易燃物等防火措施，同时应设专人监护，并应符合现行国家标准《建设工程施工现场消防安全技术规范》GB 50720 的规定。

9.0.17 榫卯双排脚手架同时满载作业的层数不应超过2层。

9.0.18 当在榫卯脚手架上架设临时施工用电线路时，应有绝缘措施，操作人员应穿绝缘防滑鞋；榫卯脚手架与架空输电线路的安全距离、工地临时用电线路的架设及榫卯脚手架接地、避雷措施等，应符合现行行业标准《施工现场临时用电安全技术规范》JGJ 46 的有关规定。

9.0.19 榫卯脚手架在使用过程中出现安全隐患时，应及时排除；当出现下列状态之一时，应立即撤离作业人员，并应及时组织检查处置：

    1 杆件、连接件因超过材料强度破坏，或因连接点产生滑移，或因过度变形而不适于继续承载；

    2 榫卯脚手架部分结构失去平衡；

    3 榫卯脚手架结构杆件发生失稳；

    4 榫卯脚手架发生整体倾斜；

    5 地基部分失去继续承载的能力。

9.0.20 榫卯支撑脚手架在浇筑混凝土、工程结构安装等施加荷载的过程中，架体下严禁有人，并应设有专人监管。

9.0.21 当在狭小空间或空气不流通空间进行搭设、使用和拆除榫卯脚手架作业时，应采取保证足够的氧气供应措施，并应防止有毒有害、易燃易爆物质积聚。

附录 A 主要构配件种类和规格

A.0.1 榫卯脚手架主要构配件的种类和规格可按表 A.0.1 采用。

表 A.0.1 主要构配件种类和规格

名称		常用型号	主要规格（mm）	材质	理论重量（kg）
立杆	A型榫卯节点	LG－60	φ48.3×3.5×600	Q235	3.32
		LG－120	φ48.3×3.5×1200	Q235	6.14
		LG－180	φ48.3×3.5×1800	Q235	8.97
		LG－210	φ48.3×3.5×2100	Q235	10.13
		LG－240	φ48.3×3.5×2400	Q235	11.79
		LG－300	φ48.3×3.5×3000	Q235	14.61
	B型榫卯节点	LG－60	φ48.3×3.5×610	Q235	4.15
		LG－110	φ48.3×3.5×1110	Q235	6.67
		LG－160	φ48.3×3.5×1610	Q235	9.17
		LG－210	φ48.3×3.5×2110	Q235	11.60
		LG－260	φ48.3×3.5×2610	Q235	14.16
		LG－310	φ48.3×3.5×3110	Q235	16.68
水平杆	A型榫卯节点	SPG－30	φ48.3×3.5×300	Q235	1.46
		SPG－45	φ48.3×3.5×450	Q235	2.04
		SPG－60	φ48.3×3.5×600	Q235	2.62
		SPG－90	φ48.3×3.5×900	Q235	3.78
		SPG－120	φ48.3×3.5×1200	Q235	4.94
		SPG－150	φ48.3×3.5×1500	Q235	6.11
		SPG－180	φ48.3×3.5×1800	Q235	7.27
	B型榫卯节点	SPG－30	φ48.3×3.5×245	Q235	1.40
		SPG－45	φ48.3×3.5×395	Q235	2.02
		SPG－60	φ48.3×3.5×545	Q235	2.65
		SPG－90	φ48.3×3.5×845	Q235	3.91
		SPG－120	φ48.3×3.5×1145	Q235	5.16
		SPG－150	φ48.3×3.5×1445	Q235	6.41

名称	常用型号	主要规格（mm）	材质	理论重量（kg）
可调底座	KTZ-45	T38×5.0，可调范围≤300	Q235	5.82
	KTZ-60	T38×5.0，可调范围≤450	Q235	7.12
	KTZ-75	T38×5.0，可调范围≤600	Q235	8.50
可调托撑	KTC-45	T38×5.0，可调范围≤300	Q235	7.01
	KTC-60	T38×5.0，可调范围≤450	Q235	8.31
	KTC-75	T38×5.0，可调范围≤600	Q235	9.69

A.0.2 A型立杆卯槽插座（图 A.0.2-1），A型水平杆榫头（图 A.0.2-2）应采用围焊连接。

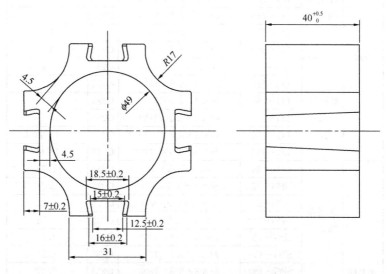

图 A.0.2-1 A型立杆卯槽插座构造示意图

A.0.3 B型立杆榫头插座（图 A.0.3-1），B型水平杆卯槽（图 A.0.3-2）应采用围焊连接。

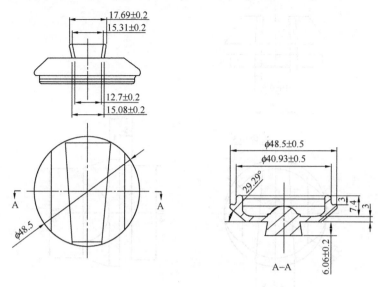

图 A.0.2-2　A型水平杆榫头构造示意图

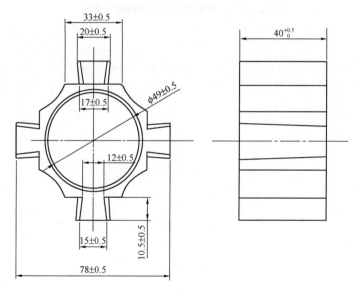

图 A.0.3-1　B型立杆榫头插座构造示意图

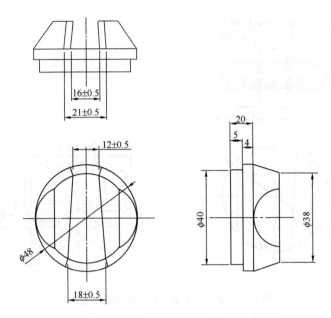

图 A.0.3-2　B型水平杆卯槽构造示意图

附录B 计 算 用 表

B.0.1 榫卯双排脚手架立杆承受的每米结构自重标准值，可按表 B.0.1 的规定取值。

表 B.0.1 榫卯双排脚手架立杆承受的每米结构
自重标准值（kN/m）

步距 h (m)	横距 l_b (m)	纵距 l_a (m)						
		0.3	0.6	0.9	1.2	1.5	1.8	2.0
0.90	0.9	0.0913	0.1064	0.1215	0.1367	0.1518	0.1669	0.1770
	1.2	0.0978	0.1129	0.1280	0.1431	0.1582	0.1733	0.1834
1.2	0.9	0.0796	0.091	0.1034	0.1153	0.1272	0.1391	0.1470
	1.2	0.0845	0.0964	0.1083	0.1201	0.1320	0.1439	0.1518
1.5	0.9	0.0726	0.0826	0.0925	0.1025	0.1125	0.1224	0.1290
	1.2	0.0765	0.0865	0.0964	0.1064	0.1163	0.1263	0.1329
1.8	0.9	0.0680	0.0766	0.0853	0.0940	0.1026	0.1113	0.1171
	1.2	0.0712	0.0799	0.0885	0.0972	0.1058	0.1145	0.1203
2.0	0.9	0.0656	0.0737	0.0817	0.0897	0.0977	0.1057	0.1111
	1.2	0.0685	0.0766	0.0846	0.0926	0.1006	0.1086	0.1140

注：ϕ48.3mm×3.5mm 钢管。表内中间值可按线性插入计算。

B.0.2 榫卯支撑脚手架立杆承受的每米结构自重标准值，可按表 B.0.2 的规定取值。

表 B.0.2 榫卯支撑脚手架立杆承受的每米
结构自重标准值（kN/m）

步距 h (m)	横距 l_b (m)	纵距 l_a (m)						
		0.3	0.6	0.9	1.2	1.5	1.8	2.0
(0.5)	0.3	0.1277	0.1558	0.1840	0.2121	0.2402	0.2684	0.2871
	0.6	0.1558	0.1841	0.2125	0.2408	0.2691	0.2974	0.3163

续表 B.0.2

步距 h (m)	横距 l_b (m)	纵距 l_a (m)						
		0.3	0.6	0.9	1.2	1.5	1.8	2.0
(0.5)	0.9	0.1840	0.2125	0.2409	0.2694	0.2979	0.3264	0.3454
	1.2	0.2121	0.2408	0.2694	0.2981	0.3268	0.3554	0.3745
	1.5	0.2402	0.2691	0.2979	0.3268	0.3556	0.3844	0.4037
	1.8	0.2684	0.2974	0.3264	0.3554	0.3844	0.4135	0.4328
	2.0	0.2871	0.3163	0.3454	0.3745	0.4037	0.4328	0.4522
0.60	0.3	0.1156	0.1399	0.1642	0.1884	0.2127	0.2370	0.2531
	0.6	0.1399	0.1643	0.1888	0.2132	0.2377	0.2621	0.2784
	0.9	0.1642	0.1888	0.2134	0.2380	0.2626	0.2873	0.3037
	1.2	0.1884	0.2132	0.2380	0.2628	0.2876	0.3124	0.3289
	1.5	0.2127	0.2377	0.2626	0.2876	0.3126	0.3375	0.3542
	1.8	0.2370	0.2621	0.2873	0.3124	0.3375	0.3627	0.3795
	2.0	0.2531	0.2784	0.3037	0.3289	0.3542	0.3795	0.3963
0.90	0.3	0.0955	0.1133	0.1311	0.1489	0.1668	0.1846	0.1965
	0.6	0.1133	0.1313	0.1493	0.1673	0.1853	0.2033	0.2153
	0.9	0.1311	0.1493	0.1675	0.1856	0.2038	0.2220	0.2341
	1.2	0.1489	0.1673	0.1856	0.2040	0.2223	0.2407	0.2529
	1.5	0.1668	0.1853	0.2038	0.2223	0.2409	0.2594	0.2717
	1.8	0.1846	0.2033	0.2220	0.2407	0.2594	0.2781	0.2905
	2.0	0.1965	0.2153	0.2341	0.2529	0.2717	0.2905	0.3031
(1.0)	0.3	0.0915	0.1080	0.1245	0.1411	0.1576	0.1741	0.1851
	0.6	0.1080	0.1247	0.1414	0.1581	0.1748	0.1915	0.2027
	0.9	0.1245	0.1414	0.1583	0.1752	0.1920	0.2089	0.2202
	1.2	0.1411	0.1581	0.1752	0.1922	0.2093	0.2263	0.2377
	1.5	0.1576	0.1748	0.1920	0.2093	0.2265	0.2437	0.2552
	1.8	0.1741	0.1915	0.2089	0.2263	0.2437	0.2611	0.2727
	2.0	0.1851	0.2027	0.2202	0.2377	0.2552	0.2727	0.2844

续表 B.0.2

步距 h (m)	横距 l_b (m)	纵距 l_a (m)						
		0.3	0.6	0.9	1.2	1.5	1.8	2.0
1.2	0.3	0.0854	0.1000	0.1146	0.1292	0.1438	0.1584	0.1681
	0.6	0.1000	0.1148	0.1296	0.1443	0.1591	0.1739	0.1837
	0.9	0.1146	0.1296	0.1445	0.1595	0.1744	0.1893	0.1993
	1.2	0.1292	0.1443	0.1595	0.1746	0.1897	0.2048	0.2149
	1.5	0.1438	0.1591	0.1744	0.1897	0.2050	0.2203	0.2305
	1.8	0.1584	0.1739	0.1893	0.2048	0.2203	0.2358	0.2461
	2.0	0.1681	0.1837	0.1993	0.2149	0.2305	0.2461	0.2565
(1.5)	0.3	0.0794	0.0921	0.1047	0.1174	0.1300	0.1427	0.1511
	0.6	0.0921	0.1049	0.1177	0.1306	0.1434	0.1562	0.1648
	0.9	0.1047	0.1177	0.1307	0.1437	0.1568	0.1698	0.1784
	1.2	0.1174	0.1306	0.1437	0.1569	0.1701	0.1833	0.1921
	1.5	0.1300	0.1434	0.1568	0.1701	0.1835	0.1968	0.2057
	1.8	0.1427	0.1562	0.1698	0.1833	0.1968	0.2104	0.2194
	2.0	0.1511	0.1648	0.1784	0.1921	0.2057	0.2194	0.2285
1.80	0.3	0.0754	0.0867	0.0981	0.1095	0.1208	0.1322	0.1398
	0.6	0.0867	0.0983	0.1098	0.1214	0.1329	0.1445	0.1522
	0.9	0.0981	0.1098	0.1215	0.1333	0.1450	0.1567	0.1645
	1.2	0.1095	0.1214	0.1333	0.1452	0.1571	0.1690	0.1769
	1.5	0.1208	0.1329	0.1450	0.1571	0.1691	0.1812	0.1892
	1.8	0.1322	0.1445	0.1567	0.1690	0.1812	0.1934	0.2016
	2.0	0.1398	0.1522	0.1645	0.1769	0.1892	0.2016	0.2099
2.0	0.3	0.0734	0.0841	0.0948	0.1055	0.1163	0.1270	0.1341
	0.6	0.0841	0.0950	0.1059	0.1168	0.1277	0.1386	0.1458
	0.9	0.0948	0.1059	0.1170	0.1280	0.1391	0.1502	0.1576
	1.2	0.1055	0.1168	0.1280	0.1393	0.1505	0.1618	0.1693
	1.5	0.1163	0.1277	0.1391	0.1505	0.1620	0.1734	0.1810
	1.8	0.1270	0.1386	0.1502	0.1618	0.1734	0.1850	0.1927
	2.0	0.1341	0.1458	0.1576	0.1693	0.1810	0.1927	0.2005

注：ϕ48.3mm×3.5mm 钢管。表内中间值可按线性插入计算。

B. 0. 3 敞开式榫卯脚手架的挡风系数 Φ 值，可按表 B. 0. 3 的规定取值。

表 B. 0. 3　敞开式榫卯脚手架的挡风系数 Φ 值

步距（m）	纵距（m）								
	0. 3	0. 5	0. 6	0. 9	1. 0	1. 2	1. 5	1. 8	2. 0
0. 5	0. 328	0. 251	0. 231	0. 199	0. 193	0. 183	0. 173	0. 167	0. 164
0. 6	0. 309	0. 231	0. 212	0. 180	0. 173	0. 164	0. 154	0. 148	0. 144
0. 90	0. 276	0. 199	0. 180	0. 148	0. 141	0. 132	0. 122	0. 115	0. 112
1. 0	0. 270	0. 193	0. 173	0. 141	0. 135	0. 125	0. 115	0. 109	0. 106
1. 20	0. 260	0. 183	0. 164	0. 132	0. 125	0. 115	0. 106	0. 099	0. 096
1. 50	0. 251	0. 173	0. 154	0. 122	0. 115	0. 106	0. 096	0. 090	0. 086
1. 80	0. 244	0. 167	0. 148	0. 115	0. 109	0. 099	0. 090	0. 083	0. 080
2. 0	0. 241	0. 164	0. 144	0. 112	0. 106	0. 096	0. 086	0. 080	0. 077

注：外径 ϕ48. 3mm 钢管。

B. 0. 4　轴心受压构件的稳定系数 φ（Q235 钢）应按表 B. 0. 4 的规定取值。

表 B. 0. 4　轴心受压构件的稳定系数 φ（Q235 钢）

λ	0	1	2	3	4	5	6	7	8	9
0	1. 000	0. 997	0. 995	0. 992	0. 989	0. 987	0. 984	0. 981	0. 979	0. 976
10	0. 974	0. 971	0. 968	0. 966	0. 963	0. 960	0. 958	0. 955	0. 952	0. 949
20	0. 947	0. 944	0. 941	0. 938	0. 936	0. 933	0. 930	0. 927	0. 924	0. 921
30	0. 918	0. 915	0. 912	0. 909	0. 906	0. 903	0. 899	0. 896	0. 893	0. 889
40	0. 886	0. 882	0. 879	0. 875	0. 872	0. 868	0. 864	0. 861	0. 858	0. 855
50	0. 852	0. 849	0. 846	0. 843	0. 839	0. 836	0. 832	0. 829	0. 825	0. 822
60	0. 818	0. 814	0. 810	0. 806	0. 802	0. 797	0. 793	0. 789	0. 784	0. 779
70	0. 775	0. 770	0. 765	0. 760	0. 755	0. 750	0. 744	0. 739	0. 733	0. 728
80	0. 722	0. 716	0. 710	0. 704	0. 698	0. 692	0. 686	0. 680	0. 673	0. 667
90	0. 661	0. 654	0. 648	0. 641	0. 634	0. 626	0. 618	0. 611	0. 603	0. 595

续表 B.0.4

λ	0	1	2	3	4	5	6	7	8	9
100	0.588	0.580	0.573	0.566	0.558	0.551	0.544	0.537	0.530	0.523
110	0.516	0.509	0.502	0.496	0.489	0.483	0.476	0.470	0.464	0.458
120	0.452	0.446	0.440	0.434	0.428	0.423	0.417	0.412	0.406	0.401
130	0.396	0.391	0.386	0.381	0.376	0.371	0.367	0.362	0.357	0.353
140	0.349	0.344	0.340	0.336	0.332	0.328	0.324	0.320	0.316	0.312
150	0.308	0.305	0.301	0.298	0.294	0.291	0.287	0.284	0.281	0.277
160	0.274	0.271	0.268	0.265	0.262	0.259	0.256	0.253	0.251	0.248
170	0.245	0.243	0.240	0.237	0.235	0.232	0.230	0.227	0.225	0.223
180	0.220	0.218	0.216	0.214	0.211	0.209	0.207	0.205	0.203	0.201
190	0.199	0.197	0.195	0.193	0.191	0.189	0.188	0.186	0.184	0.182
200	0.180	0.179	0.177	0.175	0.174	0.172	0.171	0.169	0.167	0.166
210	0.164	0.163	0.161	0.160	0.159	0.157	0.156	0.154	0.153	0.152
220	0.150	0.149	0.148	0.146	0.145	0.144	0.143	0.141	0.140	0.139
230	0.138	0.137	0.136	0.135	0.133	0.132	0.131	0.130	0.129	0.128
240	0.127	0.126	0.125	0.124	0.123	0.122	0.121	0.120	0.119	0.118
250	0.117	—	—	—	—	—	—	—	—	—

注：当 $\lambda > 250$ 时，$\varphi = \dfrac{7320}{\lambda^2}$。

附录 C 榫卯脚手架工程验收记录

C.0.1 地基与基础工程检验批验收可按表 C.0.1 进行记录。

表 C.0.1 地基与基础工程检验批验收记录

编号：

工程名称					
施工单位				负责人	
搭拆施工单位				施工负责人	
		验收项目	检验标准		检查结果
主控项目	1	地基承载力	本标准第 8.3.1 条		
	2	地基与基础构造	本标准第 8.3.2 条		
	3	地基顶面平整度	本标准第 8.3.3 条		
	4	场地排水措施	本标准第 8.3.4 条		
一般项目	1	底座和垫板定位	本标准第 8.3.5 条		
施工单位检查结果		项目负责人：　技术负责人：　安全负责人： 年　月　日			
监理单位验收结论		总监理工程师：　专业监理工程师：　　年　月　日			

78

C.0.2 榫卯双排脚手架分项工程检验批可按表 C.0.2 进行记录。

表 C.0.2 榫卯双排脚手架分项工程检验批验收记录

编号：

工程名称				
施工单位			负责人	
搭拆施工单位			施工负责人	
		验收项目	检验标准	检查结果
主控项目	1	立杆、水平杆质量及榫卯节点承载力	本标准第 8.2.1 条	
	2	立杆连接套管质量	本标准第 8.2.2 条	
	3	水平杆插头与立杆插座楔形斜面吻合要求	本标准第 8.2.3 条	
	4	可调底座和可调托撑质量	本标准第 8.2.4 条	
	5	钢管、扣件质量	本标准第 8.2.5 条	
	6	架体的结构尺寸	本标准第 8.4.1 条	
	7	连墙件的设置	本标准第 8.4.2 条	
	8	水平杆、扫地杆设置	本标准第 8.4.3 条	
	9	剪刀撑设置、横向斜撑设置	本标准第 8.4.4 条	
	10	榫卯双排脚手架门洞设置	本标准第 8.4.5 条	
	11	作业层上脚手板铺设	本标准第 8.6.1 条	
	12	作业层上防护栏杆、挡脚板设置	本标准第 8.6.2 条	
	13	作业平台外侧安全防护网的设置	本标准第 8.6.3 条	
一般项目	1	钢管的外观质量	本标准第 8.2.6 条	
	2	周转使用的榫卯脚手架构配件质量	本标准第 8.2.7 条	
	3	榫卯节点连接构件质量	本标准第 8.2.8 条	
	4	脚手板质量	本标准第 8.2.9 条	
	5	安全网质量	本标准第 8.2.10 条	
	6	榫卯双排脚手架起步立杆设置	本标准第 8.4.6 条	
	7	扣件拧紧力矩检查	本标准第 8.4.7 条	

续表 C.0.2

	验收项目		检验标准	检查结果
一般项目	8	双排脚手架拐角的组架要求	本标准第 8.4.8 条	
	9	榫卯双排脚手架搭设的允许偏差	本标准第 8.4.9 条	
	10	作业层脚手板下安全平网兜底	本标准第 8.6.4 条	
	11	榫卯双排脚手架内立杆与建筑物间封闭	本标准第 8.6.5 条	
	12	专用梯道或坡道的设置	本标准第 8.6.6 条	
施工单位检查结果		项目负责人:　　技术负责人:　　安全负责人:　　年　月　日		
监理单位验收结论		总监理工程师:　　专业监理工程师:　　　　　　年　月　日		

C.0.3 榫卯支撑脚手架分项工程检验批验收可按表 C.0.3 进行记录。

表 C.0.3　榫卯支撑脚手架分项工程检验批验收记录

编号:

工程名称				
施工单位			负责人	
搭拆施工单位			施工负责人	
	验收项目		检验标准	检查结果
主控项目	1	立杆、水平杆质量及榫卯节点承载力	本标准第 8.2.1 条	
	2	立杆连接套管质量	本标准第 8.2.2 条	
	3	水平杆插头与立杆插座楔形斜面吻合要求	本标准第 8.2.3 条	
	4	可调底座和可调托撑质量	本标准第 8.2.4 条	

		验收项目	检验标准	检查结果
主控项目	5	钢管、扣件质量	本标准第8.2.5条	
	6	架体的结构尺寸	本标准第8.5.1条	
	7	独立的榫卯支撑脚手架高宽比	本标准第8.5.2条	
	8	可调托撑及可调托撑上的主梁设置	本标准第8.5.3条	
	9	水平杆、扫地杆设置	本标准第8.5.4条	
	10	剪刀撑的设置	本标准第8.5.5条	
	11	榫卯支撑脚手架门洞设置	本标准第8.5.6条	
	12	作业层脚手板铺设	本标准第8.6.1条	
	13	作业层上防护栏杆、挡脚板设置	本标准第8.6.2条	
	14	作业平台外侧安全防护网的设置	本标准第8.6.3条	
一般项目	1	钢管的外观质量	本标准第8.2.6条	
	2	周转使用的榫卯脚手架构配件质量	本标准第8.2.7条	
	3	榫卯节点连接构件质量	本标准第8.2.8条	
	4	脚手板质量	本标准第8.2.9条	
	5	安全网质量	本标准第8.2.10条	
	6	扣件扭紧力矩检查	本标准第8.5.7条	
	7	架体局部承受较大荷载时的组架要求	本标准第8.5.8条	
	8	榫卯支撑脚手架与既有建筑结构连接的要求	本标准第8.5.9条	
	9	多层楼板连续搭设榫卯支撑脚手架立杆对位要求	本标准第8.5.10条	
	10	榫卯支撑脚手架搭设的允许偏差	本标准第8.5.11条	
	11	榫卯支撑架门洞顶部防护、交通限高、限宽设施和标识设置	本标准第8.6.7条	
施工单位检查结果		项目负责人：　　技术负责人：　　安全负责人：　　年　月　日		
监理单位验收结论		总监理工程师：　　专业监理工程师：　　年　月　日		

C.0.4 榫卯脚手架分项工程验收可按表 C.0.4 进行记录。

表 C.0.4 ＿＿＿分项工程验收表

编号：

工程名称					
施工单位				负责人	
搭拆施工单位				施工负责人	
序号	检验批名称	检验批容量	部位/区段	施工单位检查结果	监理单位验收结论
1					
2					
3					
4					
5					
6					
7					
8					
9					
10					
说明：					
施工单位检查结果	项目负责人： 技术负责人： 安全负责人： 年 月 日				
监理单位验收结论	总监理工程师： 专业监理工程师： 年 月 日				

附录 D 榫卯节点力学性能试验方法

D.0.1 榫卯节点力学性能应符合表 D.0.1 的规定。

表 D.0.1 榫卯节点力学性能

性能名称	性能要求
插座与立杆焊接的抗剪极限承载力	≥80kN
立杆与水平杆榫卯节点连接的抗压极限承载力	≥80kN
榫卯节点连接在水平杆方向的抗拉极限承载力	≥50kN

D.0.2 立杆与水平杆榫卯节点的力学性能试验，应符合下列规定：

1 插座与立杆焊接的抗剪极限承载力试验，应按下列方法进行试验（图 D.0.2-1），单位为毫米（mm）：

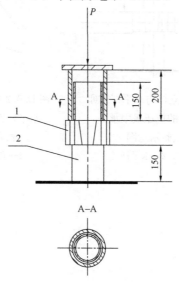

图 D.0.2-1 插座与立杆焊接的抗剪极限承载力试验示意图
1—插座；2—钢管

试验荷载 P 由 0kN 加至 24kN，完全卸荷后，再由 0kN 加至 80kN，持荷 2min。试件各部位不应破坏。

2 立杆与水平杆榫卯节点连接的抗压极限承载力试验，应按下列方法进行试验（图 D.0.2-2），单位为毫米（mm）：

试验荷载 P 由 0kN 加至 15kN，完全卸荷后，再由 0kN 加至 80kN，持荷 2min。试件各部位不应破坏。

3 榫卯节点连接在水平杆方向的抗拉极限承载力试验，应按下列方法进行试验（图 D.0.2-3）：

试验荷载 P 由 0kN 加至 15kN，完全卸荷后，再由 0kN 加至 50kN，持荷 2min。试件各部位不应破坏。

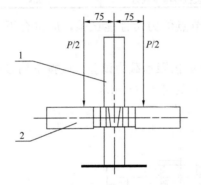 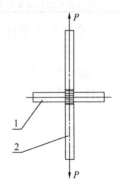

图 D.0.2-2 立杆与水平杆榫卯
节点连接的抗压极限承
载力试验示意图
1—立杆；2—水平杆

图 D.0.2-3 榫卯节点连接在
水平杆方向的抗拉极限承
载力试验示意图
1—立杆；2—水平杆

本标准用词说明

1　为便于在执行本标准条文时区别对待，对要求严格程度不同的用词说明如下：

    1）表示很严格，非这样做不可的用词：

        正面词采用"必须"；反面词采用"严禁"。

    2）表示严格，在正常情况下均应这样做的用词：

        正面词采用"应"；反面词采用"不应"或"不得"。

    3）表示允许稍有选择，在条件许可时首先应这样做的用词：

        正面词采用"宜"或"可"；反面词采用"不宜"。

    4）表示有选择，在一定条件下可以这样做的，采用"可"。

2　标准中指明应按其他有关标准执行时的写法为"应符合……的规定"或"应按……执行"。

中国土木工程学会标准

建筑施工榫卯式钢管脚手架
安全技术标准

T/CCES 34－2022

条 文 说 明

目　次

1 总 则

1.0.1 本条规定了榫卯式钢管脚手架设计、施工的基本原则、基本要求和基本方法，其目的是应用的榫卯式钢管脚手架能够确保安全，满足施工要求，并符合国家技术经济政策的要求。

1.0.2 本条明确指出本标准适用范围。目前，榫卯式钢管脚手架为新型脚手架，只规定用于榫卯式钢管双排脚手架和榫卯式钢管支撑脚手架的设计、施工、使用及管理。

1.0.3 关于引用标准的说明：

我国榫卯式钢管脚手架使用的钢管绝大部分是焊接钢管，属冷弯薄壁型钢材，其材料设计强度 f 值与轴心受压构件的稳定系数 φ 值，应引用现行国家标准《冷弯薄壁型钢结构技术规范》GB 50018。在其他情况采用热轧无缝钢管时，则应引用现行国家标准《钢结构设计标准》GB 50017。

2 术语、符号与参考标准

2.1 术 语

2.1.1 榫卯式钢管脚手架，由立杆、水平杆等通过榫卯节点连接构成的结构架体，斜杆可以通过节点设置，也可以通过扣件与立杆或水平杆连接设置。独立的支撑脚手架高宽比不大于3，一般可以不与结构拉结，双排脚手架通过连墙杆与结构拉结。

榫卯式钢管脚手架，在已经明确了架体为榫卯脚手架的条件下，可简称脚手架。

2.1.2 榫卯式钢管作业脚手架，包括落地双排脚手架、型钢悬挑脚手架、满堂脚手架等，榫卯式钢管脚手架为新型脚手架，本标准只对双排脚手架与支撑架进行规定。

2.1.3 榫卯式钢管双排脚手架，可简称为榫卯双排脚手架，在已经明确了架体为榫卯脚手架的条件下，也可简称双排脚手架或双排架。

2.1.4 榫卯式钢管支撑脚手架，可简称榫卯支撑脚手架或榫卯支撑架，在已经明确了架体为榫卯脚手架的条件下，也可简称支撑脚手架或支撑架。

2.1.5 楔形键以构件（楔形键与其连接件）形式焊接在水平杆两端形成水平杆榫头，见图1。

图1　水平杆榫头示意图

1—楔形键；2—连接件（端板）

3 构 配 件

3.0.1 榫卯节点，构件插头、插座材料采用低合金钢制造，其承载力或抗破坏能力较强，制造精度也较高。对于榫卯节点材料采用碳素铸钢制造，满足标准要求的榫卯脚手架在工程中也广泛使用，满足施工要求。

3.0.2 可根据工程需要，立杆榫卯节点间距可按 600mm 模数或 500mm 模数设置，水平杆长度可按 300mm 模数设置，也可以采用其他特殊规格。但是，一般情况下，立杆榫卯节点间距按 600mm 模数设置，在工程中也广泛使用，满足施工要求。

3.0.3 卯槽（榫头）插座与立杆连接的抗剪极限承载力、榫卯节点连接的抗拉极限承载力与榫卯节点连接抗压极限承载力，由榫卯节点力学性能试验确定。

3.0.4 本条规定的说明：

1 试验表明，脚手架的承载能力由稳定条件控制，采用现行国家标准《碳素结构钢》GB/T 700 中 Q235 钢比较经济合理。

2 经几十年工程实践证明，采用电焊钢管能满足使用要求，成本比无缝钢管低。

3 根据现行国家标准《低合金高强度结构钢》GB/T 1591 前言中说明，以 Q355 钢级替代 Q345 钢级及相关要求。对于采用 Q355 级材质钢管立杆，其质量应符合现行国家标准《低合金高强度结构钢》GB/T 1591 中 Q355 级钢的规定。

4 现行国家标准《冷弯薄壁型钢结构技术规范》GB 50018 附录 A 表 A.1.1-2 给出了 Q345 钢管轴心受压构件的稳定系数 φ，见表1。

5 特殊规格榫卯脚手架用钢管，可根据工程需要确定。

表1 Q345 钢管轴心受压构件的稳定系数 φ

λ	0	1	2	3	4	5	6	7	8	9
0	1.000	0.997	0.994	0.991	0.988	0.985	0.982	0.979	0.976	0.973
10	0.971	0.968	0.965	0.962	0.959	0.956	0.952	0.949	0.946	0.943
20	0.940	0.937	0.934	0.930	0.927	0.924	0.920	0.917	0.913	0.909
30	0.906	0.902	0.898	0.894	0.890	0.886	0.882	0.878	0.874	0.870
40	0.867	0.864	0.860	0.857	0.853	0.849	0.845	0.841	0.837	0.833
50	0.829	0.824	0.819	0.815	0.810	0.805	0.800	0.794	0.789	0.783
60	0.777	0.771	0.765	0.759	0.752	0.746	0.739	0.732	0.725	0.718
70	0.710	0.703	0.695	0.688	0.680	0.672	0.664	0.656	0.648	0.640
80	0.632	0.623	0.615	0.607	0.599	0.591	0.583	0.574	0.566	0.558
90	0.550	0.542	0.535	0.527	0.519	0.512	0.504	0.497	0.489	0.482
100	0.475	0.467	0.460	0.452	0.445	0.438	0.431	0.424	0.418	0.411
110	0.405	0.398	0.392	0.386	0.380	0.375	0.369	0.363	0.358	0.352
120	0.347	0.342	0.337	0.332	0.327	0.322	0.318	0.313	0.309	0.304
130	0.300	0.296	0.292	0.288	0.284	0.280	0.276	0.272	0.269	0.265
140	0.261	0.258	0.255	0.251	0.248	0.245	0.242	0.238	0.235	0.232
150	0.229	0.227	0.224	0.221	0.218	0.216	0.213	0.210	0.208	0.205
160	0.203	0.201	0.198	0.196	0.194	0.191	0.189	0.187	0.185	0.183
170	0.181	0.179	0.177	0.175	0.173	0.171	0.169	0.167	0.165	0.163
180	0.162	0.160	0.158	0.157	0.155	0.153	0.152	0.150	0.149	0.147
190	0.146	0.144	0.143	0.141	0.140	0.138	0.137	0.136	0.134	0.133
200	0.132	0.130	0.129	0.128	0.127	0.126	0.124	0.123	0.122	0.121
210	0.120	0.119	0.118	0.116	0.115	0.114	0.113	0.112	0.111	0.110
220	0.109	0.108	0.107	0.106	0.106	0.105	0.104	0.103	0.101	0.101
230	0.100	0.099	0.098	0.098	0.097	0.096	0.095	0.094	0.094	0.093
240	0.092	0.091	0.091	0.090	0.089	0.088	0.088	0.087	0.086	0.086
250	0.085	—	—	—	—	—	—	—	—	—

3.0.5 本条规定的说明：

1 根据现行国家标准《低压流体输送用焊接钢管》GB/T 3091、《直缝电焊钢管》GB/T 13793、《焊接钢管尺寸及单位长度重量》GB/T 21835 规定，考虑工程实际情况，钢管宜采用 ϕ48.3mm×3.5mm 的规格。

2 限制钢管的长度与重量是为确保施工安全，运输方便，一般情况下，钢管最大长度不超过 6.5m。

3.0.8 插座、插头与立杆的连接采用焊接，焊接制作应在专用工装上进行，可保证构件焊接质量；插座、插头与立杆焊接满足本标准要求，是保证榫卯节点承载力的前提条件。

3.0.9 这条是对榫卯节点性能、安装质量的检验。要求榫卯节点安装牢固，楔形键插入楔形卯槽应插紧（或击紧）。可保证榫卯节点具有自锁摩擦力。说明如下：

1 榫卯脚手架整体稳定试验证明，脚手架整体达到临界荷载时，榫卯节点楔形键从楔形卯槽脱出，试验过程中，在达到临界荷载之前，榫卯节点楔形键没有从楔形卯槽脱出，自锁摩擦力满足要求。

2 本标准取综合安全系数不小于 2.75（支撑脚手架），双排脚手架不小于 2.2。按本标准设计榫卯脚手架结构，使用荷载达不到临界荷载，约为临界荷载 1/2.2，所以，楔形键与楔形卯槽自锁摩擦力满足要求。

3 满足本标准第 3.0.3 条要求，自锁摩擦力满足要求。

3.0.11～3.0.13 对可调托撑的规定是由可调托撑承载力试验确定的。

可调托撑是支撑架直接传递荷载的主要构件，大量可调托撑承载力试验证明：可调托撑支托板截面尺寸、支托板弯曲变形程度、螺杆与支托板焊接质量、螺杆外径等影响可调托撑的临界荷载，最终影响支撑架临界荷载。可调底座与可调托撑一样，也是支撑架直接传递荷载的主要构件。

可调托撑与可调底座抗压承载力试验应符合现行国家标准

《建筑施工脚手架安全技术统一标准》GB 51210 附录 A 脚手架力学性能试验方法，A.1 构配件力学性能试验方法，第 A.1.10、A.1.11 条的有关规定。根据该标准规定的可调底座极限抗压承载力试验方法、可调托座极限抗压承载力试验方法，确定可调托撑与可调底座极限抗压承载力。

3.0.14 为便于现场搬运和使用安全，规定单块脚手板的质量不宜大于 30kg。采用挂扣式钢脚手板（挂扣在支架上的钢脚手板），应有足够承载力（不低于其他脚手板承载力）要求，满足施工要求。

3.0.15 根据现行国家标准《钢管脚手架扣件》GB 15831 规定：扣件铸件的材料采用可锻铸铁或铸钢。扣件按结构形式分直角扣件、旋转扣件、对接扣件，直角扣件是用于垂直交叉杆件间连接的扣件；旋转扣件是用于平行或斜交杆件间连接的扣件；对接扣件是用于杆件对接连接的扣件。

现行国家标准《钢管脚手架扣件》GB 15831 规定：本标准适用于建筑工程中钢管公称外径为 48.3mm 的脚手架、井架、模板支撑等使用的由可锻铸铁或铸钢制造的扣件，也适用于市政、水利、化工、冶金、煤炭和船舶等工程使用的扣件。

3.0.16 现行行业标准《建筑施工高处作业安全技术规范》JGJ 80 第 8.1.1 条规定，建筑施工安全网的选用应符合下列规定：

1 安全网的材质、规格、物理性能、耐火性、阻燃性应满足现行国家标准《安全网》GB 5725 的规定；

2 密目式安全立网的网目密度应为 10cm×10cm 面积上大于或等于 2000 目。

4 荷载分类和荷载组合

4.1 荷 载 分 类

4.1.1~4.1.5

1 本条采用的永久荷载（恒荷载）和可变荷载（活荷载）分类是根据现行国家标准《建筑结构荷载规范》GB 50009 规定确定的。

2 脚手板、安全网、栏杆等划为永久荷载，是因为这些附件的设置虽然随施工进度变化，但对用途确定的脚手架来说，它们的重量、数量也是确定的。

建筑材料及堆放物含钢筋、模板、混凝土、钢结构件等，将其划分为永久荷载，是因为其荷载在架体上的位置和数量是相对固定的。

3 对于钢结构榫卯支撑脚手架及其他非模板支架，榫卯支撑脚手架上的建筑结构材料及堆放物等的自重按实际计算，如在钢结构安装过程中，存在大型重载钢构件及分配梁。

4 可变荷载分为施工荷载、风荷载、其他可变荷载。

其他可变荷载是指除施工荷载、风荷载以外的其他所有可变荷载，包括布料机、抹光机（移动工具）等大型施工机具设备等自重及振动荷载。其荷载要按实际计算。

地下室顶板上设置升降机，顶板用支撑架卸荷，要考虑振动、冲击工况的影响。

振动荷载、冲击荷载使用要求，榫卯脚手架按正常搭设和正常使用条件进行设计（见本标准第 5.1.4 条规定），架体能够承受的荷载，应根据实际情确定。由于混凝土施工产生振动与冲击荷载，榫卯支撑架综合安全系数大于 2.2 是考虑其施工不确定因素。

荷载效应组合中，不考虑偶然荷载，这是因为榫卯脚手架严格禁止有撞击力等作用于架体；榫卯脚手架的设计中也不考虑地震作用的影响，但应根据实际情况考虑可能存在的其他外部作用。

5 在进行架体设计时，应根据施工要求，在架体专项施工方案中明确规定构配件的设置数量，并且在施工过程中不能随意增加。

4.2 荷载标准值

4.2.1 对脚手架恒荷载的取值，说明如下：

1 对附录 B 表 B.0.1 的说明

立杆承受的每米结构自重标准值的计算条件如下：

　　1） 构配件自重取值：

　　　　每个榫卯节点自重：$q_1＝13N/$个；

　　　　钢管尺寸：$\phi48.3mm×3.5mm$，每米自重：38.7N/m。立杆按 3m 一个接头计算，接头套管 $\phi57mm×3.5mm$，长 0.16m，每米自重：46.2N/m。接头自重：$0.16×46.2＝7.39N$。

　　2） 计算图形见图 2。

为简化计算，双排脚手架立杆承受的每米结构自重标准值是采用内、外立杆的平均值。

由钢管外径或壁厚偏差引起钢管截面尺寸小于 $\phi48.3mm×3.5mm$ 的钢管截面面积，脚手架立杆承受的每米结构自重标准值，也可按附录 B 表 B.0.1 取值计算，计算结果偏安全，步距、纵距中间值可按线性插入计算。

2 表 4.2.1-1、表 4.2.1-2 是根据现行行业标准《建筑施工扣件式钢管脚手架安全技术规范》JGJ 130 规定给出。

4.2.2 说明如下：

1 对附录 B 表 B.0.2 的说明，计算图形见图 3。

按第 6 章榫卯式钢管支撑架竖向剪刀撑、水平剪刀撑设置要求计算，一个计算单元（一个纵距、一个横距）计入竖向剪刀撑、水平剪刀撑。

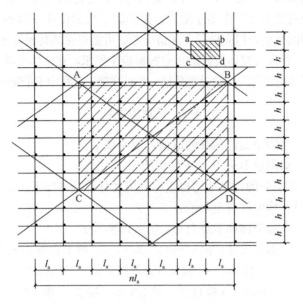

图 2 立杆承受的每米结构自重标准值计算图

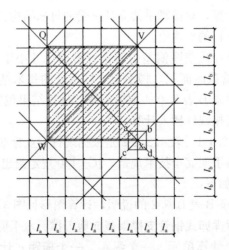

图 3 立杆承受的每米结构自重标准值计算图（平面图）

钢管截面尺寸小于 ϕ48.3mm×3.5mm 的钢管截面面积，脚手架立杆承受的每米结构自重标准值，也可按附录 B 表 B.0.2 取值计算，计算结果偏安全，步距、纵距、横距中间值可按线性插入计算。

2 本条第 2~4 款根据现行国家标准《混凝土结构工程施工规范》GB 50666、现行行业标准《建筑施工碗扣式钢管脚手架安全技术规范》JGJ 166 规定给出。

4.2.3 表 4.2.3 主梁、次梁及支撑板自重标准值根据现行行业标准《建筑施工扣件式钢管脚手架安全技术规范》JGJ 130 规定给出。

4.2.4 表 4.2.4 双排脚手架施工荷载标准值根据国家强制性工程建设规范《施工脚手架通用规范》GB 55023、现行国家标准《建筑施工脚手架安全技术统一标准》GB 51210 规定给出。

4.2.5 表 4.2.5 支撑脚手架施工荷载标准值根据国家强制性工程建设规范《施工脚手架通用规范》GB 55023、现行国家标准《建筑施工脚手架安全技术统一标准》GB 51210 规定给出。

4.2.6 此条根据现行国家标准《建筑施工脚手架安全技术统一标准》GB 51210 规定给出。

4.2.7 此条根据现行行业标准《建筑施工扣件式钢管脚手架安全技术规范》JGJ 130 规定给出。

对附录 B 表 B.0.3（敞开式榫卯脚手架的挡风系数 Φ）的说明：

脚手架的挡风系数是由下式计算确定：

$$\Phi = \frac{1.2A_n}{l_a \cdot h}$$

式中：1.2——节点面积增大系数；

A_n——一步一纵距（跨）内钢管的总挡风面积 $A_n = (l_a + h + 0.325l_a h)d$；

l_a——立杆纵距（m）；

h——步距（m）；

0.325——脚手架立面每平方米内剪刀撑的平均长度；

d——钢管外径（m）。

4.3 荷载设计值

4.3.1、4.3.2 荷载设计值应采用荷载标准值乘以荷载分项系数，荷载分项系规定根据现行国家标准《建筑结构可靠性设计统一标准》GB 50068 规定、《建筑结构荷载规范》GB 50009 规定给出。采用荷载标准值，永久荷载与可变荷载的分项系数应取 1.0。

4.3.3 表 4.3.3 所规定的荷载分项系数取值是根据现行国家标准《建筑结构可靠性设计统一标准》GB 50068 规定确定的，当作用效应对承载力不利时，永久作用（荷载）系数取 1.3，可变作用（荷载）分项系数取 1.5。表中同时给出了承载力极限状态和正常使用极限状态计算时的荷载分项系数。支撑架的抗倾覆计算中，要区分永久荷载及可变荷载对抗倾覆有利和不利两种情况进行确定。

4.4 荷 载 组 合

4.4.1 脚手架荷载的基本组合是根据现行国家标准《建筑结构可靠性设计统一标准》GB 50068 规定确定的。

对于结构物的设计而言，当整个结构或结构的一部分超过某一特定状态，而不能满足设计规定的某一功能要求时，则称此特定的状态为结构对该功能的极限状态。根据设计中要求考虑的结构功能，结构的极限状态在总体上分为两大类，即承载能力极限状态和正常使用极限状态。对双排脚手架和支撑架而言，承载能力极限状态一般以架体各组件的内力超过其承载能力或者架体出现倾覆为依据；正常使用极限状态一般以架体结构或构件的变形（侧移、挠曲）超过设计允许的极限值或者架体结构杆件的长细比超过设计允许的极限值为依据。

对所考虑的极限状态，在确定其荷载效应时，应对所有可能同时出现的诸荷载作用效应加以组合，以求得在结构中的总效应。这种组合可以多种多样，因此，必须在所有可能组合中，取其中最不利的一组作为该极限状态的设计依据。

4.4.2 脚手架荷载的基本组合是根据现行国家标准《建筑结构可靠性设计统一标准》GB 50068 规定确定的。根据现行国家标准《建筑结构荷载规范》GB 50009 的规定，脚手架按承载能力极限状态设计，应取荷载的基本组合进行荷载组合，而不考虑偶然作用、地震荷载作用组合，只要是按本标准的规定对荷载进行基本组合计算，脚手架结构是安全的。

1 对作业脚手架荷载基本组合的列出，其主要依据有以下几点：

1) 对于落地作业脚手架，主要是计算水平杆抗弯强度及连接强度、立杆稳定承载力、连墙件强度及稳定承载力、立杆地基承载力。理论分析和试验结果表明，当搭设架体的材料、构配件质量合格，结构和构造应符合脚手架相关的现行国家标准的规定，剪刀撑等加固杆件、连墙件按要求设置的情况下，上述计算内容满足安全承载要求，则架体也满足安全承载要求。

2) 水平杆件一般只进行抗弯强度和连接强度计算，可不组合风荷载。

3) 理论分析和试验结果表明，在连墙件正常设置的条件下，落地作业脚手架破坏均属于立杆稳定破坏，故只计算作业脚手架立杆稳定项目。

4) 连墙件荷载组合中除风荷载外，还包括附加水平力 N_0，这是考虑到连墙件除受风荷载作用外，还受到其他水平力作用，主要是两个方面：

① 作业脚手架的荷载作用对于立杆来说是偏心的，在偏心力作用下，作业脚手架承受着倾覆力矩的作用，此倾覆力矩由连墙件的水平反力抵抗。

② 连墙件是被用作减小架体立杆轴心受压构件自由长度的

侧向支撑，承受支撑力。

综合以上两个因素，因精确计算以上两项水平力目前还难以做到，根据以往经验，标准中给出固定值 N_0。

2 支撑脚手架荷载基本组合说明如下：

    1） 对于支撑脚手架的设计计算主要是水平杆抗弯强度及连接强度、立杆稳定承载力、架体抗倾覆、立杆地基承载力，理论分析和试验结果表明，在搭设材料、构配件质量合格，架体构造符合本标准和脚手架相关的现行国家标准的要求，剪刀撑或斜撑杆等加固杆件按要求设置的情况下，上述各项计算满足安全承载要求，则架体也满足安全承载要求。

    2） 支撑脚手架整体稳定只考虑风荷载作用的一种情况，这是因为对于如混凝土模板支撑脚手架，因施工等不可预见因素所产生的水平力（在综合安全系数中也已经考虑）与风荷载产生的水平力相比，前者不起控制作用。如果混凝土模板支撑脚手架上安放有混凝土输送泵管，或支撑脚手架上有较大集中水平力作用时，架体整体稳定应单独计算。

3 未规定计算的构配件、加固杆件等只要其规格、性能、质量符合脚手架相关的现行国家标准的要求，架体搭设时按其性能选用，并按标准规定的构造要求设置，其强度、刚度等性能指标均会满足要求，可不必另行计算。

必须注意，本标准给出的荷载组合表达式都是在以荷载与荷载效应存在线性关系为前提，对于明显不符合该条件的涉及非线性问题时，应根据问题的性质另行设计计算。

4.4.3 根据现行国家标准《建筑结构可靠性设计统一标准》GB 50068、《建筑地基基础设计规范》GB 50007 规定确定。

5 设 计

5.1 一 般 规 定

5.1.1 这条所规定的设计方法，均与现行国家标准《冷弯薄壁型钢结构技术规范》GB 50018、《钢结构设计标准》GB 50017的规定一致。荷载分项系数根据现行国家标准《建筑结构可靠性设计统一标准》GB 50068规定确定。

5.1.2 脚手架设计时，应根据建筑工程条件、施工条件等情况，尽可能采用先进合理的施工方法，综合分析后确定最佳设计方法。使脚手架设计方案符合工程实际，保证施工人员安全，做到技术先进、经济合理、安全适用。

5.1.3 本条列出了一般情况下榫卯双排脚手架和榫卯支撑架的设计计算内容，但不仅局限于所列内容，设计时应根据架体结构、工程概况、搭设部位、使用功能要求、荷载、构造等因素具体确定。

5.1.4 脚手架是施工过程中使用周期较长的临时结构，设计时不考偶然、地震状态设计，只考虑按正常搭设正常使用状态的设计，即：满足标准规定的荷载要求与构造要求进行设计。

5.1.5、5.1.6 这两条规定，与现行国家标准《建筑施工脚手架安全技术统一标准》GB 51210、现行行业标准《建筑施工碗扣式钢管脚手架安全技术规范》JGJ 166、《建筑施工门式钢管脚手架安全技术标准》JGJ/T 128 的规定一致。

5.1.8 对于双排脚手架，荷载是通过水平杆（主要是作业层水平杆）传给立杆，由于节点半刚性影响，立杆中会产生一定的弯矩，一般情况下，该弯矩值较小，为简化计算，予以忽略。因此不考虑风荷载时，双排脚手架和支撑架立杆宜按轴心受压杆件计算。由于忽略偏心而带来的不安全因素，本标准已在有关的调整系数（k、μ）中加以考虑。

5.1.10 根据现行国家标准《钢结构设计标准》GB 50017、《冷弯薄壁型钢结构技术规范》GB 50018、国内长期脚手架搭设经验与脚手架试验确定。

根据国内工程实践经验与脚手架整体稳定试验结果，脚手架立杆长细比不得大于210。

5.1.11 榫卯双排脚手架的脚手板和水平杆及榫卯支撑架的主次梁和模板应按表5.1.11要求进行变形计算。表中给出的容许挠度是根据现行国家标准《钢结构设计标准》GB 50017、《冷弯薄壁型钢结构技术规范》GB 50018的规定确定的。

5.1.13 本条给出了满足公称尺寸要求的ϕ48.3mm×3.5mm钢管的截面特性值，实际设计中应结合施工现场的进场钢管材料的尺寸偏差、锈蚀程度等按实际截面尺寸进行计算。

5.1.14 表中所列配件及连接的承载力设计值是根据构配件的性能试验得到的承载力极限值取一定安全系数得到的。

5.2 榫卯双排脚手架计算

5.2.1～5.2.3 对受弯构件计算规定的说明：

1 关于计算跨度取值，水平杆取立杆间距，便于计算也偏于安全；

2 内力计算不考虑榫卯节点的弹性嵌固作用，将榫卯在节点处抗转动约束的有利作用作为安全储备；

3 水平杆自重与脚手板自重相比甚小，可忽略不计；

4 为保证安全可靠，水平杆的内力（弯矩、支座反力）应按不利荷载组合计算；

5 未列抗剪强度计算，是因为钢管抗剪强度不起控制作用。如ϕ48.3mm×3.5mm的Q235A级钢管，其抗剪承载力为：

$$[V] = \frac{Af_v}{K_1} = \frac{493\text{mm}^2 \times 120\text{N/mm}^2}{2.0} = 29.58\text{kN}$$

上式中K_1为截面形状系数。榫卯脚手架节点一侧钢管竖向抗剪承载力设计值 25kN 小于 [V]，故满足杆件抗剪强度要求。

6 进行水平杆的抗弯强度及变形验算时，仅考虑竖向荷载作用，不考虑水平荷载作用引起的水平杆端弯矩，挠度计算时应计入施工荷载。

5.2.4 双排脚手架需进行立杆稳定性计算有两种工况。无风荷载时，将立杆简化为轴向受压杆件，有风荷载时，将立杆简化为压弯杆件。其中无风荷载是指的室内或无风环境搭设的脚手架，有风荷载指的是室外搭设的脚手架。

标准所规定的设计公式根据现行国家标准《冷弯薄壁型钢结构技术规范》GB 50018 有关规定给出。在轴向力和弯矩的共同作用下，脚手架立杆稳定承载力按本标准式（5.2.4-2）计算，说明如下：

1 施工现场的应用计算应强调简便、正确、可靠，结合脚手架工程实际，应用的实践总结，式（5.2.4-2）的计算简便，计算结果能够保证脚手架立杆安全稳定承载的要求。与现行行业标准《建筑施工碗扣式钢管脚手架安全技术规范》JGJ 166、《建筑施工扣件式钢管脚手架安全技术规范》JGJ 130、现行国家标准《建筑施工脚手架安全技术统一标准》GB 51210 的规定一致。

2 脚手架、构配件的综合安全系数 β 值已考虑脚手架的各种不利因素。

本标准中规定作业脚手架的综合安全系数在立杆稳定承载力计算时，取值为 $\beta \geq 2.0$。脚手架综合安全系数 β 值已考虑了脚手架立杆稳定承载力计算中的各种相关因素和各种不利影响，其中包括：立杆的初始弯曲和初始偏心影响；立杆端步约束影响；轴心力和弯矩联合作用下，轴心力对弯矩的放大作用影响等。

3 保证榫卯脚手架的稳定承载，一是靠设计计算控制，二是靠结构和构造措施保证。其中，结构和构造措施保证是根本。因此，必须强调脚手架的结构和构造应满足要求。

5.2.5 本条列出了双排脚手架计算立杆段轴力设计值的计算公式。

式中：ΣN_{G1k}——立杆由架体结构及附件自重产生的轴向力标准值总和；

$$\Sigma N_{G1k} = N_{Gk1} + N_{Gk2}$$

N_{Gk1}——架体结构自重产生的轴向力标准值；

N_{Gk2}——附件自重产生的轴向力标准值。

其中式（5.2.5）中可变荷载仅考虑施工荷载，这是因为，在连墙件的加固作用下，水平风荷载作用于榫卯双排脚手架中引起的立杆附加轴力较小，可忽略不计。

ΣN_{Q1k}——由施工荷载产生的立杆轴向力标准值总和，内、外立杆可按一纵距内施工荷载总和的 1/2 取值。

5.2.6 本标准式（5.2.6-1）、式（5.2.6-2）与现行行业标准《建筑施工碗扣式钢管脚手架安全技术规范》JGJ 166、现行国家标准《建筑施工脚手架安全技术统一标准》GB 51210 的规定一致。

作业脚手架在水平风荷载的作用下，外立杆通过水平横杆将一部分水平力传递给内立杆，内外立杆共同抵抗水平风荷载，并通过连墙件将水平风荷载的水平力传递给建筑结构。因此，内外立杆与水平杆组成了一个桁架，共同承担风荷载，并形成以连墙件为支点的竖向多跨连续桁架梁。经分析研究，作业脚手架立杆由水平风荷载产生的弯矩设计值与连墙件竖向间距的平方成正比，连墙件竖向间距越大，立杆由风荷载产生的弯矩值也越大。应说明的是，因为有的作业脚手架部分内外立杆跨间设有竖向斜杆，对水平风荷载在立杆中产生的弯矩值有减小作用，因此在计算时，应选择无斜杆的部位作为计算单元。

5.2.7 影响双排脚手架整体稳定因素主要有竖向剪刀撑、水平约束（连墙件）、支架高度、立杆间距、步距、榫卯节点刚度等。双排脚手架立杆计算长度的确定取决于脚手架的构造状况，尤其是连墙件的设置情况。脚手架试验与理论分析表明，架体整体失稳时，架体横向桁架呈现横向多波鼓曲失稳破坏，波长大于步距，但小于连墙件间竖向垂直距离，与连墙件的竖向间距有关。

立杆计算长度附加系数，取 1.155 满足作业脚手架的综合安全系数，在立杆稳定承载力计算时不小于 2。说明如下：

本标准采用现行国家标准《建筑结构可靠性设计统一标准》GB 50068 规定的"概率极限状态设计法"，而结构安全度按以往容许应力法中采用的经验安全系数 K 校准。K 值为：强度 $K_1 \geqslant$ 1.5，稳定 $K_2 \geqslant 2.0$。考虑脚手架工作条件的结构抗力调整系数（或材料强度附加系数 γ'_m）值，近似取 1.333，然后将此系数的作用转化为立杆计算长度附加系数 $k=1.155$ 予以考虑。

现行国家标准《建筑结构可靠性设计统一标准》GB 50068 规定，当作用效应对承载力不利时，永久作用（荷载）系数取 1.3，可变作用（荷载）分项系数取 1.5，通过对作业脚手架不同工况进行计算，永久荷载与可变荷载分项系数加权平均值：$\gamma_u = 1.380$。

根据现行国家标准《建筑施工脚手架安全技术统一标准》GB 51210 规定，脚手架结构、构配件综合安全系数：

$$\beta = \gamma_0 \cdot \gamma_u \cdot \gamma_m \cdot \gamma'_m = 1 \times 1.38 \times 1.165 \times 1.333 = 2.14$$

式中：γ_0——结构重要性系数，根据本标准 5.1.5 条、5.1.6 条取 1 或 1.1，如果取 1.1，则有：

$$\beta = 1.1 \times 1.38 \times 1.165 \times 1.333 = 2.36$$

γ_m——材料抗力分项系数，取 1.165。

说明：作业脚手架，其考虑架体工作条件的结构抗力调整系数（或材料强度附加系数 γ'_m）要比 1.333 大（至少 1.4），因为，考虑脚手架整体稳定因素的单杆计算长度系数，是由脚手架结构整体稳定试验所得出的极限承载力值（或临界荷载），经分析计算得出的。结合工程实际，考虑支架在实际工况下一些不确定因素，使用临界荷载分析计算时，有一定安全储备。

5.2.8 脚手架整体稳定试验表明，当脚手架以相等步距、纵距搭设，连墙件设置均匀时，在均布施工荷载作用下，立杆局部稳定的临界荷载高于整体稳定的临界荷载，脚手架破坏形式为整体失稳。当脚手架以不等步距、纵距搭设，或连墙件设置不均匀，或立杆负荷不均匀时，两种形式的失稳破坏均有可能。

5.2.9 式（5.2.9-1）、式（5.2.9-2）是根据式（5.2.4-1）、式（5.2.4-2）、式（5.2.5）推导求得。式（5.2.5）中，$\sum N_{G1k}$（立杆由架体结构及附件自重产生的轴向力标准值总和）为：

$$\sum N_{G1k} = N_{Gk1} + \sum N_{Gk2} = [H]g_k + \sum N_{Gk2}$$

式中：N_{Gk1}——架体结构自重产生的轴向力标准值，$N_{Gk1} = [H]g_k$；

$\sum N_{Gk2}$——附件自重产生的立杆轴向力标准值总和；

$[H]$——脚手架允许搭设高度（m）；

g_k——立杆承受的每米结构自重标准值（kN/m）。

5.2.10～5.2.13 作业脚手架连墙件主要需计算三项内容，即：连墙件的抗拉（压）强度、抗压稳定承载力、连接强度。本标准中是将连墙件简化为轴心受力构件进行计算的，由于连墙件可能偏心受力，或可能有少量的弯矩、扭矩作用，故在公式的右端对强度设计值乘以 0.85 的折减系数，以考虑这一不利因素。应注意的是，当采用焊接或螺栓连接的连墙件时，对焊缝和螺栓应按现行国家标准《冷弯薄壁型钢结构技术规范》GB 50018 的规定计算；当连墙件与混凝土中的预埋件连接时，预埋件尚应按现行国家标准《混凝土结构设计规范》GB 50010 的规定计算。

当采用钢管扣件做连墙件时尚应验算扣件的抗滑承载力能否满足要求。

连墙件是双排脚手架侧向支承的重要杆件。为双排脚手架的侧向支座。通常连墙件承受的轴力为风荷载，考虑连墙件约束架体平面外变形作用而附加轴力设计值 3.0kN。与现行行业标准《建筑施工碗扣式钢管脚手架安全技术规范》JGJ 166、《建筑施工扣件式钢管脚手架安全技术规范》JGJ 130、现行国家标准《建筑施工脚手架安全技术统一标准》GB 51210 的规定一致。

5.3 榫卯支撑脚手架计算

5.3.1 榫卯支撑脚手架顶部施工层荷载应通过可调托撑轴心传递给立杆，说明如下：

1 榫卯支撑脚手架顶部施工层荷载应通过可调托撑轴心传递给立杆，是榫卯支撑架构造要求，设计基本条件。

2 榫卯支撑脚手架顶部施工层荷载通过受弯杆件与可调托撑轴心传递给立杆。对于模板榫卯支撑架，受弯构件一般为：模板、次梁、主梁。对于钢结构榫卯支撑架及其他非模板榫卯支架，受弯构件一般为：可调托撑上支撑板、次梁、主梁。主梁、次梁一般为木方、双钢管、工字钢（或型钢）等。

3 榫卯支撑脚手架受弯杆件的强度计算应符合本标准第 5.3.2 条规定。

4 受弯构件中底模、木方抗剪强度计算应符合相应标准。

5.3.2 式（5.3.2）与式（5.2.1-2）中 M_s 表达相同，计算内容不同，前者是对榫卯支撑脚手架受弯杆件弯矩设计值计算，后者是对榫卯双排脚手架水平杆弯矩设计值计算。其所受荷载有区别。

公式中荷载分项系数符合现行国家标准《建筑结构可靠性设计统一标准》GB 50068 规定。

5.3.4、5.3.5

1 考虑工地现场实际工况条件，标准所给榫卯支撑架整体稳定性的计算方法力求简单、正确、可靠。榫卯支撑架的立杆稳定性计算公式，虽然在表达形式上是对单根立杆的稳定计算，但实质上是对榫卯支撑架结构的整体稳定计算。因为式（5.2.4-1）、式（5.2.4-2）中的计算长度系数是根据脚手架的整体稳定试验结果确定的。本节所提榫卯支撑架是指顶部荷载通过轴心传力构件（可调托撑）传递给立杆的，立杆轴心受力；可用于钢结构工程施工安装、混凝土结构施工及其他同类工程施工的承重支架。榫卯支撑架的整体稳定有关问题说明见第 5.3.10～5.3.12 条文说明。

2 榫卯支撑脚手架立杆稳定承载力计算，按无风荷载搭设和有风荷载搭设两种不同工况分别单独计算。无风荷载搭设的榫卯支撑脚手架不需组合风荷载值，有风荷载搭设的榫卯支撑脚手架应组合风荷载值。因是两种不同工作环境下的榫卯支撑脚手架，所以需单独计算其各自的立杆稳定承载力。在计算时，应注意以下几点：

    1） 无风荷载搭设的榫卯支撑脚手架按本标准式（5.2.4-1）计算立杆稳定承载力，按本标准式（5.3.5-1）计算立杆轴向力设计值，不组合风荷载。

    2） 有风荷载搭设的榫卯支撑脚手架立杆稳定承载力按本标准式（5.2.4-1）、式（5.2.4-2）分别计算，并应同时满足承载能力要求，计算时应注意：

① 按本标准式（5.2.4-1）计算立杆的稳定承载力时，立杆的轴向力设计值按本标准式（5.3.5-2）计算。计算公式中组合了由风荷载在立杆中产生的最大附加轴向力值 N_{wk}，而不组合由风荷载在立杆中产生的弯矩值。

② 按本标准式（5.2.4-2）计算立杆稳定承载力时，立杆的轴向力设计值按本标准式（5.3.5-1）计算。此时，计算公式中组合了由风荷载在立杆中产生的弯矩值，而不组合由风荷载在立杆中产生的最大附加轴向力值。

经理论分析表明，榫卯支撑脚手架在水平风荷载的作用下，立杆产生的最大附加轴向力与最大弯曲应力不发生在同一个位置，可视为不同时出现在所选择的计算单元内，因此，在上述风荷载组合计算时，应分别进行组合计算。

③ 本标准式（5.3.5-1）、式（5.3.5-2），符合现行国家标准《建筑结构可靠性设计统一标准》GB 50068 规定。当作用效应对承载力不利时，永久作用（荷载）系数取 1.3，可变作用（荷载）分项系数取 1.5。

以上计算方法，与现行国家标准《建筑施工脚手架安全技统一标准》GB 51210、现行行业标准《建筑施工门式钢管脚手架安全技术标准》JGJ/T 128、《建筑施工碗扣式钢管脚手架安全技术规范》JGJ 166 的规定一致。

本标准提高综合安全系数考虑以上不确定因素，即：支撑架安全系数不小于 2.75，安全等级 I 支撑架，安全系数不小于 3（现行国家标准《建筑施工脚手架安全技术统一标准》GB 51210 规定：支撑架综合安全系数不小于 2.2）。

5.3.6 在风荷载的作用下，计算单元立杆产生的附加轴向力值是近似按线性分布的，因为支撑脚手架有竖向剪刀撑斜杆等杆件作用，使立杆产生的轴向力分布比较复杂。本标准是为了使计算方便、简化，给出了榫卯支撑脚手架立杆在风荷载作用下的最大附加轴向力标准值计算公式。应该说明的是，这个公式计算的结果是一个近似值。

立杆在风荷载作用下产生的附加轴向力，可作如下理解：榫卯支撑脚手架在水平风荷载的作用下，使榫卯支撑脚手架的架体和竖向栏杆（模板）分别产生一个水平力，两个水平力共同作用使架体产生了顺风向倾覆力矩，榫卯支撑脚手架为抵抗倾覆力矩，在立杆内产生了对应的轴力，这些轴力形成了相应的力偶矩。架体的立杆距倾覆圆点的距离不同，其相应的轴力值也不同，架体倾覆圆点连线处的轴力最大，此轴力即为立杆在风荷载作用下产生的最大附加轴向力。

与现行行业标准《建筑施工碗扣式钢管脚手架安全技术规范》JGJ 166、现行国家标准《建筑施工脚手架安全技术统一标准》GB 51210 的规定一致。

5.3.7 榫卯支撑脚手架由风荷载作用而产生的倾覆力矩，是风对榫卯支撑脚手架的整体作用。一是风对榫卯支撑脚手架上部竖向封闭栏杆或模板的作用；二是风对架体的作用。为计算方便，取榫卯支撑脚手架一列横向立杆作为计算单元。风作用在架体上所产生的风荷载标准值，应以榫卯支撑脚手架整体体型系数 μ_{stw} 按本标准式（4.2.7）计算。

当榫卯支撑脚手架的横向立杆排数较多时，按上述公式计算所得 μ_{stw} 的值也较大。

与现行行业标准《建筑施工碗扣式钢管脚手架安全技术规范》JGJ 166、现行国家标准《建筑施工脚手架安全技术统一标准》GB 51210 的规定一致。

5.3.8 混凝土模板支撑脚手架在轴向力设计值计算时不计入由风荷载产生的立杆附加轴向力，是因为模板支撑脚手架在浇筑混凝土前，立杆轴向力较小，此时增加的附加轴向力不起控制作用，只要架体整体稳定能够满足抗倾覆要求，架体就是安全的。在混凝土浇筑后，通过模板、建筑结构件已将风荷载水平作用力传给了建筑结构，此时，支撑脚手架立杆已不存在风荷载产生的附加轴向力。另外，随着混凝土重量增加，抗倾覆力矩也增大，见本标准式（5.3.15）。

表 5.3.8 中提出的不计入由风荷载产生的立杆附加轴向力的条件，是按序号分别独立的。只要施工现场所搭设的榫卯支撑脚手架分别同时满足某一个序号所列基本风压值、架体高宽比、作业层上竖向封闭栏杆（模板）高度这三个条件，即可不计入风荷载产生的榫卯支撑脚手架立杆附加轴向力。其中：设置了连墙件或采取了其他防倾覆措施，即可消除风荷载作用下的立杆附加轴向力，也可增强架体抗倾覆能力。当榫卯支撑脚手架符合序号 1~7 所列情况时，经分析计算风荷载产生的立杆附加轴向力较小，可不计入。应注意的是附加轴向力受架体高宽比影响较大，在其他条件无变化的情况下，附加轴向力随架体高宽比变化比较明显。

与现行国家标准《建筑施工脚手架安全技术统一标准》GB 51210、现行行业标准《建筑施工门式钢管脚手架安全技术标准》JGJ/T 128 的规定一致。

5.3.9 本条给出的风荷载产生的弯矩设计值是将立杆视作竖向连续构件推导出的。其基本假设是：对于有斜向支撑（剪刀撑）的框架式支撑架体系，风荷载作用下立杆节点无侧向位移，可将立杆作为竖向连续梁。应当注意的是，当计算风荷载标准值时，体型系数应按现行国家标准《建筑结构荷载规范》GB 50009 中单榀桁架体型系数 μ_{st} 的规定计算，这是因为，风荷载作用下的立杆弯矩计算仅考虑迎风面最外侧立杆直接受到的风压力，不考虑多排相牵连的平行桁架的整体作用，即风载体型系数的确定要分清楚计算对象。

与现行行业标准《建筑施工碗扣式钢管脚手架安全技术规范》JGJ 166、《建筑施工扣件式钢管脚手架安全技术规范》JGJ 130、现行国家标准《建筑施工脚手架安全技术统一标准》GB 51210 的规定一致。

5.3.10～5.3.12 标准编制组进行大量的榫卯脚手架整体稳定试验及其他类型脚手架整体稳定试验，进行大量构配件承载力试验及节点刚度试验。现就有关问题说明如下：

1 支撑脚手架的整体稳定

支撑脚手架有两种可能的失稳形式：整体失稳和局部失稳。

一般情况下，整体失稳是支撑脚手架的主要破坏形式。

局部失稳破坏时，立杆在步距之间发生小波鼓曲，波长与步距相近，变形方向与支架整体变形可能一致，也可能不一致。

当支撑脚手架以相等步距、立杆间距搭设，在均布荷载作用下，立杆局部稳定的临界荷载高于整体稳定的临界荷载，支撑脚手架破坏形式为整体失稳。当支撑脚手架以不等步距、立杆横距搭设，或立杆负荷不均匀时，两种形式的失稳破坏均有可能。

由于整体失稳是支撑脚手架的主要破坏形式，故本条规定了对整体稳定按本标准式（5.2.4-1）、式（5.2.4-2）计算。为了防止局部立杆段失稳，本标准除对步距限制外，尚在本标准第5.3.12 条中规定对可能出现的薄弱的立杆段进行稳定性计算。

2 关于榫卯支撑脚手架整体稳定性计算公式中的计算长度系数 μ 的说明

影响支撑脚手架整体稳定因素主要有竖向剪刀撑、水平剪刀撑、水平约束（连墙件）、支架高度、高宽比、立杆间距、步距、榫卯节点刚度、立杆上传力构件、立杆伸出顶层水平杆中心线长度（a）等。

榫卯支撑脚手架整体稳定试验结论，以上各因素对临界荷载的影响都不同，所以，必须给出不同工况条件下的支架临界荷载（或不同工况条件下的计算长度系数 μ 值），才能保证施工现场安全搭设榫卯支撑脚手架。才能满足施工现场的需要。

通过对榫卯支撑脚手架整体稳定试验与理论分析，采用试验确定的节点刚性（节点应视为半刚性节点，其节点转动刚度 R_k 可取值为 28kN·m/rad），建立了榫卯式钢管支撑脚手架的有限元计算模型；进行大量有限元分析计算，得出各类不同工况情况下临界荷载，结合工程实际，给出工程常用搭设榫卯支撑脚手架的临界荷载，进而根据临界荷载确定：考虑榫卯支撑脚手架整体稳定因素的单杆计算长度系数 μ_1、μ_2。试验支架搭设是按施工现场条件搭设，并考虑可能出现的最不利情况，标准给出的 μ_1、μ_2 值，能综合反映影响榫卯支撑脚手架整体失稳的各种因素。

试验证明剪刀撑设置不同，临界荷载不同，所以给出剪刀撑设置的构造要求。

榫卯支撑脚手架立杆计算长度系数 μ_1、μ_2，根据住房和城乡建设部科研项目《榫卯式钢管支撑脚手架构造、计算的试验与理论研究》给出。

3 榫卯支撑脚手架立杆计算长度附加系数 k 的确定

1） 立杆计算长度附加系数，是在立杆稳定承载力计算时，满足榫卯支撑脚手架的综合安全系数不小于 2.2。说明如下：

榫卯脚手架为新技术脚手架，结合工程实际，考虑支撑架在实际工况下一些不确定因素（混凝土施工产生振动与冲击荷载等不确定因素）；并综合考虑脚手架各种因素。使用临界荷载分析计算（确定架体承载力）时，有一定安全储备。表 5.3.10-1 榫卯支撑脚手架计算长度附加系数取值，根据住房和城乡建设部科研项目《榫卯式钢管支撑脚手架构造、计算的试验与理论研究》确定。考虑脚手架工作条件的结构抗力调整系数（或材料强度附加系数 γ_{m}'）值，取不小于 1.77。

现行国家标准《建筑结构可靠性设计统一标准》GB 50068 规定，当作用效应对承载力不利时，永久作用（荷载）系数取 1.3，可变作用（荷载）分项系数取 1.5，通过对支撑脚手架不同工况进行计算，永久荷载与可变荷载分项系数加权平均值，$\gamma_u = 1.336$。根据现行国家标准《建筑施工脚手架安全技术统一标准》GB 51210 规定，脚手架结构、构配件综合安全系数：

$$\beta = \gamma_0 \cdot \gamma_u \cdot \gamma_m \cdot \gamma_m'$$
$$= 1 \times 1.336 \times 1.165 \times 1.77 = 2.75$$

式中：γ_0——结构重要性系数，根据本标准第 5.1.5 条、5.1.6 条取 1 或 1.1，如果取 1.1，则有：

$$\beta = 1.1 \times 1.336 \times 1.165 \times 1.77 = 3.0$$

γ_m——材料抗力分项系数，取 1.165。

2）根据支撑脚手架整体稳定试验分析，随着支撑脚手架高度增加，支撑体系临界荷载下降，所以，引入高度调整系数调降强度设计值，给出支撑脚手架立杆计算长度附加系数取值表（表 5.3.10-1），可保证安全系数不小于 2.2。

3）脚手架、构配件的综合安全系数值已考虑榫卯脚手架的各种不利因素。

4 支撑脚手架高宽比＝计算架高÷计算架宽，计算架高：立杆垫板下皮至顶部可调托撑支托板上皮垂直距离。计算架宽：支撑脚手架横向两侧立杆轴线水平距离。

5 表 5.3.10-2、表 5.3.10-3 中立杆间距 0.9×0.9（不含

0.9×0.9）～1.5×1.5、0.3×0.3～0.9×0.9（含 0.9×0.9）包含立杆纵距与立杆横距不同工况。有特殊要求时，步距两级之间，承载力可按线性插入值。

6 第 5.3.11 条说明，支撑脚手架整体稳定试验证明，在一定条件下，宽度方向跨数减小，影响支架临界荷载。所以，要求支撑脚手架最少跨数不符合表 5.3.10-2、表 5.3.10-3 规定时，应该对支撑架进行荷载、高度限制，保证支撑架整体稳定。

施工现场，少于 4 跨（或 3 跨）的支撑架多用于受荷较小部位。高度控制可有效减小支架高宽比，荷载限制可保证支架稳定。

5.3.15 野外搭设的榫卯支撑脚手架需要进行倾覆计算。榫卯支撑脚手架倾覆计算可根据需要选择，对于一般架体高宽比较小的榫卯支撑脚手架，可不必进行计算；对于架体高宽比较大、风荷载标准值较大、上部模板竖向高度较高时，榫卯支撑脚手架抗倾覆计算成为必要。榫卯支撑脚手架抗倾覆力矩，是由榫卯支撑脚手架自重力、架体上模板及其物料自重力产生的。架体自重及架体上部模板、分布摆放的材料一般可看作是按底平面均匀分布的，架体上部集中堆放的物料，应按集中自重力来看待。

5.4 地基承载力计算

5.4.1 按照现行国家标准《建筑地基基础设计规范》GB 50007 的规定，立杆地基承载力计算时，上部结构传至立杆基础顶面的轴向力 N_k，按标准值计算。

规定计算所采用的基础底面积值不宜超过 $0.3m^2$ 是考虑到立杆底部受力不均匀，远离立杆的底座或垫板受力较小。立杆基础自重较小，计算公式忽略此项。

5.4.2 由于立杆基础（底座、垫板）通常置于地表面，地基承载力容易受外界因素的影响而下降，故立杆的地基计算应与永久建筑的地基计算有所不同。为此，对立杆地基计算作了一些特殊的规定，即采用调整系数对地基承载力予以折减，以保证脚手架安全。表 5.4.2 地基承载力修正系数与现行行业标准《建筑施工碗扣式钢管脚手架安全技术规范》JGJ 166、《建筑施工门式钢管脚手架安全技术标准》JGJ/T 128 的规定一致。

5.4.3 因施工需要，架体有时需搭设在结构的地下室顶板、楼面或挑台等结构构件上，为避免架体立杆传递的荷载超过支承构件的设计荷载而使结构构件受到损害或变形过大，本条提出应对支承体进行承载力和变形验算的要求。计算时，应注意采用混凝土实际达到的强度。对于多层结构的非底层模板支撑架，可在支承结构的下面一层或若干层设置与上部架体上下立杆对齐的钢管支撑架。

6 构造要求

6.1 一般规定

6.1.1 本条给出了脚手架的地基基础构造要求。规定地基土上的立杆应设置垫层或垫板，并规定垫板的最小厚度和宽度，是为了通过垫板的应力扩散角效应将立杆轴力扩散传递给地基土，减小地基应力。

脚手架为临时结构，现场经常出现承载力不足的回填土地基或地表面等，要求加固处理：当支撑结构直接搭设在碎石土、砂土、粉土、黏性土及回填土地基表面时，应将地基表面整平、夯实，并应做好排水措施，回填土地基的压实系数应符合方案设计要求。

6.1.2 脚手架立杆接头采用交错布置是为了加强架体的整体刚度，避免薄弱部位处于同一高度。

6.1.3 水平杆、扫地杆在双排脚手架和支撑架中具有重要作用，都是架体的主要结构杆件，水平杆、扫地杆与其他杆件共同构成架体的整体稳定结构体系，并且使架体纵向和横向具有足够的联系和约束，保证架体的刚度，并且也是抵抗水平荷载的重要构件。对其提出沿步距连续设置是脚手架设计计算必须满足的基本假定条件。规定扫地杆的最大离地高度是确保架体底部立杆局部稳定性的重要构造措施。脚手架整体稳定试验也证明了这一点。

6.1.4 这些规定，对加强脚手架整体稳定、防止安全事故的发生将起重要的作用。根据试验和理论分析，脚手架的纵向刚度远比横向刚度强得多，一般不会发生纵向整体失稳破坏。设置了纵向剪刀撑后，可以加强脚手架结构整体刚度和空间工作，以保证脚手架的稳定，也是国内工程实践经验的总结。

6.1.5 本条是对脚手架作业层的脚手板等脚手架附件的设置及

与架体的连接作出的相应规定。

密目安全网应为阻燃产品。脚手板可以使用榫卯脚手架配套使用的脚手板，当使用木脚手板、竹串片脚手板时，注意脚手板探头长度应取150mm，防止脚手板倾翻，两根横向水平杆间应加设间水平杆，保证脚手板强度、刚度满足要求。

6.1.6 本条给出了双排脚手架和支撑架搭设人行通道的构造措施。护栏和增设的水平杆可采用钢管扣件。斜道为人行并兼作材料运输的坡道，附着外脚手架或建筑物设置，斜道设置应符合现行行业标准《建筑施工扣件式钢管脚手架安全技术规范》JGJ 130的有关规定。

6.2 榫卯双排脚手架

6.2.1 本条列出了常用密目式安全网全封榫卯双排脚手架结构的设计尺寸，说明如下：

1 表中所列的步距、立杆纵、横间距参考钢管脚手架的长期使用经验数据；

2 不同立杆间距的水平杆抗弯承载力、挠曲变形均根据2层作业层上的施工荷载按照本标准第5.2节的规定进行了核算；

3 表6.2.1注3，给出了架体允许搭设高度另行计算的条件。

6.2.2 此条是对作业脚手架搭设基本尺寸的要求，结合工程实际，总结人员在脚手架上作业活动规律而提出的。应当指出的是，作业脚手架的宽度如果小于0.9m，可能存在不安全因素，不能满足操作人员下蹲、弯腰操作活动空间的要求；作业层高如果大于2.0m，也同样存在不安全因素，人员操作时，脚下可能要垫起，不利于操作安全。

6.2.3 本条说明如下：

1 根据国内的实践经验及对国内榫卯脚手架的调查（包括地方标准），单管立杆的落地榫卯脚手架搭设高度一般在23m以下。当需要的搭设高度大于23m时，一般应采取加强措施，榫卯脚手架为新型脚手架，采用搭设高度不超过 23m，能满足施工要求，稳定承载力也符合要求。

2 从经济方面考虑。搭设高度超过 23m 时，榫卯脚手架构件、不带榫卯的钢管及扣件周转使用率降低。

6.2.5 本条对榫卯双排脚手架内立杆与建筑物之间间隙的处理提出了构造要求和安全防护措施要求，在榫卯脚手架上进行高处作业过程中，防止从榫卯双排脚手架与建筑物间隙掉下建筑材料、构配件、建筑垃圾等，保证施工安全。

6.2.7 榫卯双排脚手架一般围绕建筑结构搭设，当建筑结构转角为直角时，可将垂直两方向的架体用水平杆直接组架搭设，可不用其他的构件；当转角处为非直角或者受尺寸限制不能直接用水平杆组架时，应将两架体分开，中间以钢管扣件斜向连接，连接的钢管应扣接在两边脚手架的立杆上。

6.2.8 根据试验和理论分析，脚手架的纵向刚度比横向刚度强得多，一般不会发生纵向整体失稳破坏。设置了纵向剪刀撑后，可以加强脚手架结构整体刚度和空间工作，以保证脚手架的稳定，也是国内工程实践经验的总结。

6.2.9 设置横向斜撑可以提高榫卯双排脚手架的横向刚度，并能显著提高榫卯脚手架的稳定承载力。若开口型榫卯脚手架两端不设置横向斜撑，就成为薄弱环节。将其两端设置横向斜撑，再加上连墙件的作用，可对这类榫卯双排脚手架提供较强的整体刚度。

6.2.10 设置连墙件，不仅是为防止脚手架在风荷载和其他水平力作用下产生倾覆，更重要的是它对立杆起中间支座的作用。试验证明：增大其竖向间距（或跨度）使立杆的承载能力大幅度下降。这表明连墙件的设置对保证双排脚手架的稳定性至关重要。本条给出了不同情况下双排脚手架连墙件的构造要求，对连墙杆设置提出的要求是为了保证连墙件能起到可靠支承作用。有关问题说明如下：

1 限制连墙件偏离主节点的最大距离 300mm。原因：只有连墙件在主节点附近方能有效地阻止双排脚手架发生横向弯曲失稳或倾覆，若远离主节点设置连墙件，因立杆的抗弯刚度较差，将会由于立杆产生局部弯曲，减弱甚至起不到约束双排脚手架横向变形的作用。

2 若开口型榫卯双排脚手架两端不与主体结构相连，就相当于自由边界而成为薄弱环节。将其两端与主体结构加强连接，再加上横向斜撑的作用，可对这类榫卯双排脚手架提供较强的整体刚度。

3 由于第一步立杆所承受的轴向力最大，是保证榫卯双排脚手架稳定性的控制杆件。在该处设连墙件，也就是增设了一个支座，这是从构造上保证榫卯双排脚手架立杆局部稳定性的重要措施之一。

6.2.11 本条是对榫卯双排脚手架需设置门洞时提出的构造要求。门洞上部架设桁架托梁可保证其上部荷载可靠传递到门洞下部架体结构，门洞两侧立杆为主要承力杆件，对称加设竖向斜撑杆或剪刀撑可以增加门洞两侧架体结构承载力，最终保证门洞结构承载力。

6.3 榫卯支撑脚手架

6.3.1 条文中对立杆的间距和架体步距提出限制，是由于榫卯支撑脚手架的立杆纵向和横向间距过大时，会明显降低杆端约束作用而使榫卯支撑脚手架的承载能力降低。条文中提出的立杆间距、步距的数据是根据实践经验提出的。榫卯脚手架整体稳定试验也说明了这一点。

6.3.2 安全等级为Ⅰ级的榫卯支撑架顶层二步距范围水平杆加密设置，是为了增强架体顶的整体性和约束性能，有利于传递荷载。对于高大重载榫卯支撑架，在施加荷载时，架顶立杆受力是不均匀的，架顶水平杆间距减小，可提高架体顶部刚度，改善架体受力状况。

6.3.3 本条针对被榫卯支撑的建筑结构底面存在坡度时提出了架体底部处理措施，利用立杆榫卯节点位差增设水平杆，并配合可调托撑进行调整。保证榫卯脚手架荷载均匀传至地基。

6.3.4 本条是根据榫卯支撑架整体稳定试验与可调托撑承载力试验结论提出的构造要求，可调托撑是传递荷载的主要构件，施工荷载通过可调托撑传至架体结构，可调托撑满足本标准构造要求，可以保证可调托撑不发生局部破坏，保证架体顶部局部稳定，最终保证支撑脚手架整体稳定。

6.3.5 模板下方应放置次梁与主梁，次梁与主梁应按受弯杆件设计计算。支架立杆上端应采用 U 形托撑，U 形托撑支撑在主梁底部。可调托撑上主梁应居中设置，接头宜设置在 U 形托板上，同一立杆轴线位置各可调托撑主梁接头数量不应超过 50%。可保证施工荷载有效传递，架体顶部局部稳定。

6.3.6 通过大量事故案例和工程案例证明，支撑架与结构进行可靠连接后，可大大提高支撑架抗倾覆能力，降低事故的发生。支撑架与结构进行可靠连接后，架体的抗侧移能力提高，立杆计算长度也可减小，稳定性可大幅提升。

6.3.7、6.3.8 榫卯式钢管支撑脚手架整体稳定试验证明，增加竖向、水平剪刀撑，可增加架体刚度，提高脚手架承载力。在竖向剪刀撑顶部交点平面设置一道水平连续剪刀撑，可使架体结构稳固。设置剪刀撑比不设置临界荷载大幅提高，支撑脚手架剪刀撑不同设置，临界荷载发生变化，所以安全等级为Ⅰ级的榫卯支撑脚手架（高大重载支撑架）剪刀撑设置要求高。

施工现场存在高大重载支撑架，经常不设剪刀撑或只是支架外围设置竖向剪刀撑现象，这种结构不合理，所以要求榫卯式钢管支撑脚手架在纵、横向间隔一定距离设置竖向剪刀撑，在竖向剪刀撑顶部交点平面设置水平剪刀撑，保证支架结构稳定。

设置水平剪刀撑，可以增加榫卯支撑架结构稳固性，如：增加抗水平荷载能力，设置水平剪刀撑比不设置水平剪刀撑的支撑架承载力提高，可以提高抗振动与冲击荷载等不确定因素的能力，如，抵抗由混凝土施工产生振动与冲击荷载的能力。

榫卯支撑脚手架整体稳定试验证明，竖向剪刀撑纵、横间距不大于 6m，可以约束剪刀撑设置范围的立杆变形，从而提高支撑架整体稳定承载力。

6.3.9 榫卯支撑脚手架的高宽比是指其计算架高与计算架宽的比。支撑脚手架高宽比的大小，对架体的侧向稳定和承载力影响很大，随着架体高宽比的增大，架体的侧向稳定变差，架体的承载力也明显降低。经过试验验证，当高宽比在 3.0 以下时，架体的承载力没有明显的变化，支撑脚手架高宽比大于 3 不大于 4，即：3＜高宽比≤4，应采取降低独立架体高宽比的措施，将架体超出顶部加载区投影范围向外延伸布置 2 跨～4 跨，将下部架体尺寸扩宽；应按本标准第 6.3.6 条的构造要求将架体与既有建筑结构进行可靠连接。本标准通过对试验和实践经验的总结，提出支撑脚手架高宽比限值要求。

6.3.10 榫卯支撑脚手架局部荷载增大，立杆加密设置，是为了保证架体局部稳定。要求支撑脚手架立杆加密区的水平杆向非加密区延伸，是为了保证加密区的稳定，可以采用钢管扣件进行加密设置。

6.3.11 本条是对模板榫卯支撑架需设置门洞通道时提出的构造措施要求。应用于高架桥或跨越既有道路的桥梁等的模板榫卯支撑架时，通常需要留设跨度较大的门洞通行，因此，一般采用转换横梁承受上部的立杆传递的荷载。该梁应按实际荷载情况进行计算，并要考虑与架体的连接方法；横梁两端的立杆应加密，增加立杆的根数应不小于跨中被抽空立杆的根数，并在加密部位增设斜杆。为确保支座加密立杆受力均匀，转换横梁下部应设置纵向和横向型钢分配梁。

本条所述"当需要设置的机动车道净宽大于 4.0m 时，应采用梁柱式门洞结构"，是指采用由支墩（钢管、钢管混凝土、型钢格构柱等）、承重梁（型钢、军用梁、贝雷梁、钢板梁、钢箱梁等）组成的大跨度、高墩形式的梁柱式模板榫卯支撑架。与现行行业标准《建筑施工碗扣式钢管脚手架安全技术规范》JGJ 166 的规定一致。

7 施　工

7.1 施　工　准　备

7.1.1、7.1.2　榫卯脚手架应本着搭设安全、实用、经济的原则编制专项施工方案，必要的审批管理程序可以减少方案中存在的技术缺陷。制定榫卯脚手架专项施工方案时，应根据工程特点、地理环境充分考虑安全技术措施。榫卯脚手架使用中构造或用途发生变化时，应重新对专项施工方案进行设计和审批。对安全等级为Ⅰ级的脚手架应进行技术论证。

7.1.3　榫卯脚手架的搭设与拆除施工，是一项技术性很强的工作。在搭设作业前，对操作人员进行技术安全交底，作业人员应正确理解其施工顺序、工艺、工序、作业要点和搭设安全技术要求等内容，并履行签字手续。

　　应注意方案中设计计算使用条件与工程实际工况条件是否相符的问题。检查交底记录时，对以上问题的检查应是重点之一。

7.1.4、7.1.5　这两条规定是为了加强现场管理，杜绝不合格产品进入现场，否则在榫卯脚手架工程中会造成隐患和事故。使用前对进场构配件进行检查，是验证架体所使用构配件质量是否良好的重要工作环节。无论新产品还是周转使用过的构配件，通过检查、复验，防止有质量弊病、严重受损的构配件用于架体搭设，是保证整架搭设质量和架体使用安全的一项预控措施。

7.1.6　地基应坚实、均匀，并应排水通畅是脚手架搭设的基本要求。落地榫卯脚手架一般搭设在地面上或建筑结构上，搭设场地平整、坚实，不应有积水，回填土场地搭前应夯实。

7.1.7　当架体采用在已浇筑的墙、柱等构件中预埋方式设置连墙件时，为了不影响结构安全，预埋件的设置宜征得设计单位的同意，并进行隐蔽检查。

7.2 地 基 基 础

7.2.1 本条明确了架体地基基础的施工与验收依据，是保证榫卯脚手架结构整体稳定、安全施工的重要环节。

7.2.2 当地面承载力满足要求时，可直接将其作为脚手架的地基；当承载力不满足要求时，应采取加固措施，且符合榫卯脚手架地基基础施工专项施工方案要求。

7.3 搭 设

7.3.1 榫卯脚手架立杆垫板、底座应准确放置在定位线上，可以保证榫卯脚手架立杆位置准确；垫板符合本标准要求，可以保证榫卯脚手架立杆荷载均匀传递到地基，保证榫卯脚手架结构稳定。

7.3.2 为在搭设榫卯脚手架过程中，保证架体结构稳定，规定了榫卯脚手架搭设顺序应遵循的基本原则。其中，剪刀撑、斜撑杆、连接件等对架体有加固作用，应与架体同步搭设，这是为了避免在架体搭设时产生过大变形，不允许先搭设架体后安装加固杆件。

7.3.3 连墙件是保证榫卯双排脚手架稳定的重要构件，必须与榫卯双排脚手架同步搭设并连接牢固。

榫卯双排脚手架的连墙件如果不是随架体搭设进度同步安装，而是滞后安装，则已搭好架体处于悬空状态，会产生严重变形，并且有倒塌的危险。根据国内外脚手架倒塌事故的分析，其中一部分就是由于连墙件设置不足或连墙件被拆掉造成的。

规定连墙件安装与榫卯双排脚手架同步进行，榫卯作业脚手架操作层高出相邻连墙件以上2步（含2步）时应设置临时拉结措施，其目的是防止架体在搭设过程中出现严重变形或倒塌，危及作业安全。当作业层高出相邻连墙件以上2步（含2步）时，架体的上部悬臂段过高，会危及架体安全。

7.3.4 榫卯节点安装牢固，且满足本条要求，可以保证节点楔形键与卯槽楔形斜面相吻合，具有自锁摩擦力，从而满足榫卯节点承载力要求，满足榫卯脚手架整体稳定要求。榫卯脚手架整体稳定试验、榫卯节点力学性能试验证明了这一点。

7.3.5 本条规定榫卯脚手架搭设中允许偏差检查的时间，有利于防止累计误差超过允许偏差，难以纠正。

7.3.7 本条规定保证了楼板结构受力合理，在施工荷载作用下，避免对楼板产生不利影响。

7.3.8 本条规定是保证模板榫卯支撑脚手架稳定基本条件，防止模板榫卯支撑脚手架倒塌事故的重要措施。如果不对模板榫卯支撑脚手架检查验收，可能存在立杆间距较大，架体顶部实际荷载不符合专项方案设计要求（超载）问题；也可能存在对高大重载榫卯支撑脚手架不设置剪刀撑问题，这些问题，使模板榫卯支架存在重大安全隐患，甚至导致模板支架倒塌事故。国内模板支架事故都存在以上问题，没有支撑架检查验收或检查验收敷衍了事。

7.4 拆 除

7.4.1 本条规定了拆除榫卯脚手架前必须完成的准备工作和具备的技术文件，从而保证榫卯脚手架拆除过程中架体稳定，保证榫卯脚手架施工安全。

7.4.2 本条规定了当榫卯脚手架采取分段、分立面拆除时，必须事先确定分界处的技术处理方案。当榫卯脚手架采取分段、分立面拆除时，对不拆除的榫卯脚手架两端，应按本标准的有关构造规定进行加固。

7.4.3 本条对榫卯双排脚手架拆除作业顺序和拆除作业技术要求做出规定，目的是要求榫卯双排脚手架拆除作业有序施工，保证拆除作业安全。

榫卯双排脚手架拆除作业具有一定的危险性，应按顺序施工，应坚持按从上而下、从外到内、逐层拆除的顺序施工。剪刀撑、斜撑杆等加固杆件必须在拆卸至该部位杆件时再拆除，这是为了保证拆除作业过程中架体稳定。榫卯双排脚手架拆除作业时，严格禁止上下同时作业、内外同时作业的极不安全行为；也严格禁止先拆除下部部分杆件，后拆卸上部结构的行为。

连墙件是确保榫卯双排脚手架平面外稳定的核心加固件，架体拆除过程中，连墙件对尚未拆的架体平面外的整体稳定性起着关键作用，提前拆除连墙件会造成被拆除处架体的平面外刚度降低，对架体的安全性带来极大隐患。因此榫卯双排脚手架连墙件拆除必须同架体拆除同步进行，如果将连墙件整层或数层先行拆除后再拆架体，极易产生架体平面外失稳。拆除作业中，当连墙件以上架体悬臂段高度超过 2 步（含 2 步）时，采取临时固定措施是为了确保架体顶部悬臂端的稳定性，保证作业安全。

7.4.4 榫卯支撑脚手架拆除作业具有一定的危险性，本条对榫卯支撑脚手架拆除作业顺序和拆除作业技术要求做出规定，要求榫卯支撑脚手架拆除作业应有序施工，保证拆除作业安全。

模板榫卯支撑脚手架拆除的过程是新浇筑构件开始靠自身强度逐渐承受荷载的过程，不同的拆架顺序导致混凝土构件从不同的受力过程往最终的受力状态转变，因此，合理的拆架顺序对于确保新浇筑的混凝土构件的受力模型的渐变极为重要，当混凝土构件的跨度较大时，拆模顺序显得更为重要，实际施工方案中经常出现未对支撑脚手架拆除顺序做出规定的情况，导致质量和安全隐患。对于大跨度结构和空间结构的支撑脚手架，应规定拆除顺序和卸载方案。

7.4.5 保证拆除作业过程中未拆除架体的稳定，防止脚手架事故。

7.4.6～7.4.8 保证榫卯脚手架拆除安全作业的重要措施。

8 验 收

8.1 一般规定

8.1.1 榫卯脚手架验收是在施工单位自行检查合格的基础上，由验收责任方组织，工程建设相关单位参加，对榫卯脚手架检验批、分项工程质量、安全进行抽样检验，对技术文件进行审核，并根据设计文件和相关标准以书面形式对榫卯脚手架工程质量安全是否达到合格作出确认。根据榫卯脚手架施工特点，榫卯式钢管脚手架工程应进行过程验收、阶段验收、完工验收。

8.1.2 本条提出了根据施工进度，榫卯脚手架进行验收的各个阶段。

在搭设前对搭设场地进行检查验收，榫卯脚手架在搭设过程中和阶段使用前进行质量检查验收，是为了对搭设质量进行控制，使榫卯脚手架在每次阶段使用前都做到保证安全。

落地榫卯双排脚手架和落地榫卯支撑脚手架搭设前场地应放线，安放首层水平杆后应对立杆间距、垂直度进行检查。这是搭设施工质量控制的一个重要环节。

8.1.3 根据榫卯脚手架施工特点，参考现行国家标准《建筑工程施工质量验收统一标准》GB 50300、《混凝土结构工程施工质量验收规范》GB 50204、《钢结构工程施工质量验收标准》GB 50205 对分部分项工程、检验批的划分规定，给出榫卯脚手架分部分项工程、检验批的划分。

8.1.4～8.1.6 根据榫卯脚手架施工特点，参考现行国家标准《建筑工程施工质量验收统一标准》GB 50300、《钢结构工程施工质量验收标准》GB 50205、《混凝土结构工程施工质量验收规范》GB 50204 规定编写。

8.2 构 配 件

结合榫卯脚手架工程施工特点，参考现行国家标准《建筑工程施工质量验收统一标准》GB 50300 关于主控项目、一般项目的规定，给出榫卯脚手架工程验收（包含构配件验收）的主控项目、一般项目。

8.2.1 榫卯脚手架立杆、水平杆是榫卯脚手架结构主要构件，直接影响结构安全使用。所以立杆、水平杆质量必须符合专项方案设计要求，每批钢管应有质量证明文件、检验报告。

榫卯节点力学性能直接影响架体结构安全使用。所以，榫卯节点应有质量检验报告、复试报告，且满足标准要求。

8.2.2 立杆连接套管承受脚手架立杆荷载并传递荷载，在榫卯脚手架底部传递载荷至基础或楼板，是直接传递荷载的主要构件，也是影响结构安全的主要构件，应满足本标准要求。

8.2.4 可调托撑与可调底座是支撑脚手架直接传递荷载的主要构件，可调托撑与可调底座应满足本标准规定。

8.2.5 榫卯脚手架钢管是脚手架结构主要构件，扣件是钢管脚手架结构构配件，直接影响结构安全使用。所以扣件进入施工现场前应进行抽样复试，技术性能应符合现行国家标准《钢管脚手架扣件》GB 15831 的规定。榫卯脚手架钢管是脚手架结构主要材料，直接影响结构安全使用。所以钢管必须符合专项方案设计要求，每批钢管应有质量证明文件、检验报告。

8.2.7 榫卯脚手架的构配件为周转使用材料，应在每使用一个安装拆除周期后，对构配件的质量进行检查，并应符合本标准要求。

8.2.8 插座、插头与杆件的焊接质量，直接影响榫卯节点力学性能，最终影响架体结构承载力，所以，对插座、插头与杆件的焊缝要严格检查；榫卯节点连接构件偏差影响榫卯脚手架安装质量，从而影响架体结构承载力，所以，要严格检查榫卯节点连接构件的偏差。

8.2.9 脚手板是直接传递施工荷载至榫卯作业脚手架结构的构件，所以，要求进入现场脚手板应有质量证明文件。

8.3 地 基 基 础

8.3.1 如果榫卯脚手架地基承载力不足，不符合专项方案要求，将导致榫卯脚手架沉降，严重会导致榫卯脚手架整体失稳，所以，地基承载力应符合专项施工方案设计要求，满足本标准要求。

8.3.2 如果榫卯脚手架地基不符合构造要求，榫卯脚手架支撑在承载力不足的混凝土结构层上，会导致混凝土结构变形，所以，应进行加固处理，且符合专项施工方案设计要求，符合本标准要求。

8.3.4 榫卯脚手架地基场地排水措施不符合要求，将导致地基不均匀沉降，出现立杆底座和垫板松动、悬空现象，甚至榫卯脚手架整体失稳。所以，地基场地应有排水措施，不应有积水，排水设施符合专项施工方案设计要求，符合本标准要求。

8.4 榫卯双排脚手架

8.4.1 榫卯双排脚手架结构的设计尺寸符合专项方案设计要求，是保证榫卯双排脚手架整体稳定要求。

8.4.2 榫卯双排脚手架设置连墙件，不仅是为防止榫卯脚手架在风荷载和其他水平力作用下产生倾覆，更重要的是它对立杆起中间支座的作用。试验证明：增大其竖向间距（或跨度）使立杆的承载能力大幅度下降。这表明连墙件的设置对保证榫卯脚手架的稳定性至关重要。若开口型榫卯脚手架两端不与主体结构相连，就相当于自由边界而成为薄弱环节。将其两端与主体结构加强连接，再加上横向斜撑的作用，可对这类榫卯脚手架提供较强的整体刚度。所以，连墙件设置应满足本标准要求。

8.4.4 榫卯双排脚手架设置了纵向剪刀撑后，可以加强脚手架结构整体刚度和空间工作，以保证榫卯脚手架的稳定。这也是国内工程实践经验的总结。开口型榫卯脚手架两端是薄弱环节。将其两端设置横向斜撑，并与主体结构加强连接，可对这类脚手架提供较强的整体刚度。

8.4.9 为保证榫卯双排脚手架荷载传递不产生过大偏心，从而保证榫卯双排脚手架整体稳定，榫卯双排脚手架搭设的允许偏差应满足本标准要求。

8.5 榫卯支撑脚手架

8.5.1 榫卯支撑脚手架结构的设计尺寸符合专项方案设计要求，是保证榫卯支撑脚手架整体稳定要求。

8.5.2 榫卯支撑脚手架高宽比的大小，对架体的侧向稳定和承载力影响很大，随着架体高宽比的增大，架体的侧向稳定变差，架体的承载力也明显降低。所以，榫卯支撑架高宽比应符合标准要求。

8.5.3 榫卯支撑脚手架整体稳定试验证明，立杆顶端可调托撑伸出顶层水平杆的悬臂长度增加承载力降低，所以要求立杆顶端可调托撑伸出顶层水平杆的悬臂长度不宜超过 500mm。

8.5.5 榫卯支撑脚手架整体稳定试验证明，增加竖向、水平剪刀撑，可增加架体刚度，提高榫卯脚手架承载力。在竖向剪刀撑顶部交点平面设置一道水平连续剪刀撑，可使架体结构稳固。设置剪刀撑比不设置剪刀撑临界荷载提高，支撑脚手架剪刀撑不同设置，临界荷载发生变化，所以根据剪刀撑的不同设置给出不同的承载力。设置水平剪刀撑构造要求，可以增加榫卯支撑架结构稳固性，如：增加抗水平荷载能力，设置水平剪刀撑比不设置水平剪刀撑的榫卯支撑架承载力提高，可以提高抵抗由混凝土施工产生振动与冲击荷载等不确定因素的能力。

8.5.6 榫卯支撑脚手架门洞设置符合本标准要求，可保证门洞及门洞周边架体结构稳定。

8.5.9 试验表明，榫卯支撑架设置连墙与结构连接承载力提高。所以，有条件设置连墙件时，一定要设置连墙件。在支架受力较大的情况下更要设置连墙件。

8.5.11 为保证榫卯支撑脚手架荷载传递不产生过大偏心，榫卯支撑脚手架搭设的允许偏差应满足标准要求。

8.6 安全防护设施

8.6.1 为防止脚手板在施工层固定不牢固，导致安全事故，应按本标准要求设置脚手板，使作业平台脚手板铺满、铺实、铺设牢固。

8.6.2、8.6.3 榫卯脚手架施工为高处作业，防护栏杆、挡脚板设置应符合本标准要求；作业平台外侧应采用密目安全网进行封闭，且应符合本标准要求；为防止脚手架上发生火灾，密目安全网应为阻燃产品，检验方法可以采用现场测试。

8.6.6 人行并兼作材料运输的坡道，附着外脚手架或建筑物设置，现行行业标准《建筑施工扣件式钢管脚手架安全技术规范》JGJ 130 第 6.7 节规定了斜道的构造要求。

8.6.7 门洞顶部封闭，两侧设置防护设施应符合专项方案要求。

9 安 全 管 理

9.0.1 对榫卯脚手架工程的安全管理是榫卯脚手架搭设、使用、拆除过程中的重要工作。榫卯脚手架作为施工过程中的施工设施，既是人员集中的施工作业平台，又是施工和建筑材料等荷载的支撑体系，在现场使用的周期也比较长，易受施工环境、场地条件、施工进度等因素影响，也易受恶劣的自然天气和外力撞击等侵害。所以，对榫卯脚手架工程必须建立安全生产责任制，建立安全检查考核制度，应该对项目部、班组及各类人员的安全管理责任作出规定。

9.0.2 本条是榫卯脚手架工程安全管理实施内容的规定。主要是提出如下三项要求：

1 榫卯脚手架搭设、拆除作业前，应对专项施工方案进行审核检查。

2 对搭设榫卯脚手架的材料、构配件和设备及榫卯脚手架搭设施工质量验收进行控制，这是榫卯脚手架安全管理的主要内容，只有搭设质量合格，才能给榫卯脚手架的安全使用提供基本保障。

3 对榫卯脚手架使用过程中安全管理的要求。要求榫卯脚手架杆件连接符合标准构造，要求承力杆件、保证结构安全和重要功能的构件在施工过程中不得拆除；场地不应有积水；支座、锚固固定件应保持牢固，无缺失；安全防护设施在施工过程中不应出现损坏、缺失；等等。除以上规定内容以外，还要求对榫卯脚手架使用过程中每天应有专人进行巡视检查，并应做好巡视记录，发现榫卯脚手架安全隐患及时整改。保证满足标准规定的构造要求。

9.0.3、9.0.4 榫卯脚手架搭设与拆除作业由经过培训考核合格的架子工操作，是为了保证榫卯脚手架的施工质量，避免发生安全事故。搭设和拆除榫卯脚手架的作业均是高处作业，不符合高处作业条件的人员，不应上架作业。

搭设、拆除榫卯脚手架的高空作业具有一定危险性，应在操作面上铺设供作业人员站立的脚手板，操作人员应佩戴安全帽、安全带、防滑手套，穿防滑鞋。

9.0.5 控制榫卯脚手架作业层的荷载，是榫卯脚手架使用过程中安全管理的重要内容，规定榫卯脚手架作业层上严禁超载的目的，是为了保证榫卯脚手架使用安全。在榫卯脚手架专项施工方案设计时，是按榫卯脚手架的用途、搭设部位、荷载、搭设材料、构配件及设备等搭设条件选择了榫卯脚手架的结构和构造，并通过设计计算确定了立杆间距、架体步距等技术参数，这也就确定了榫卯脚手架可承受的荷载总值。榫卯脚手架在使用过程中，永久荷载和可变荷载值总值不应超过荷载设计值，否则架体有倒塌危险。

9.0.6 本条规定的目的是确保榫卯双排脚手架的刚性约束条件，消除危及榫卯双排脚手架安全的附加外部作用，保证榫卯双排脚手架的约束和构造条件与计算所采用的受力模型相一致。

榫卯双排脚手架设置于作业区域的最外侧，其内侧一般邻近模板支撑架和已施工完成的结构物，邻近其外侧一般设置混凝土输送泵管、卸料平台及起重机械设备等临时设施、设备。使用中经常会出现将榫卯作业脚手架与内侧模板支撑脚手架相连接，并与外侧的混凝土输送泵管、卸料平台及起重机械设备等设施相连接的情况。

榫卯双排脚手架是按正常使用的条件设计和搭设的，在双排脚手架的方案设计时，未考虑也不可能考虑作用在榫卯作业脚手架上由施工临时设施、设备引起的附加外力。按照本标准的架体构造要求，榫卯双排脚手架应与内侧已施工完成的结构物通过连墙件进行刚性连接，以确保架体的平面外稳定性。但混凝土输送泵管、缆风绳、卸料平台及起重机械设备与双排脚手架架体连接会使架体超载、受力不清晰、产生振动冲击等，从而危及双排脚手架的使用安全。

同时，竖向荷载作用下，模板支撑脚手架立杆的受力计算模型应为轴心受压杆件，使用过程中不得破坏该计算模型成立的基本条件。鼓励将模板支撑脚手架与周边既有建筑结构相连，但禁止将模板支撑架与双排脚手架等相连接，带来安全隐患。

9.0.7 为保证榫卯脚手架在使用过程中架体结构稳定，脚手架在使用过程中应定期检查。遇有本标准所列特殊情况时，应经检查确认安全后方可继续使用。

9.0.9、9.0.10 为保证榫卯脚手架施工安全，防止架体坍塌，这两条对搭设榫卯脚手架时天气条件提出要求。榫卯脚手架搭设人员如果在六级及以上风、雾、雨、雪天气条件操作，施工人员可能站立不稳，看不清操作层施工材料及人员等，脚底湿滑，存在重大安全隐患；夜间进行榫卯脚手架搭设与拆除作业，也存在看不清操作层施工材料及人员等问题。所以，应按本标准要求执行。

9.0.11 施工期间，拆除脚手架主节点处的纵向水平杆、横向水平杆、横向扫地杆中任何一根杆件，都会造成榫卯脚手架承载力下降。严重时会导致事故。拆除连墙件也是如此。当连墙件需要改变位置时，应按专项施工方案要求布置。

9.0.12 如果在影响脚手架地基安全的范围进行挖掘作业，会影响脚手架整体稳定。所以，严禁此类挖掘作业。

9.0.14、9.0.15 搭设和拆除榫卯脚手架作业的操作过程中，由于部分杆件、构配件是处于待紧固（或已拆除待运走）的不稳定状态，极易落物伤人，因此，搭设拆除榫卯脚手架作业时，需设置警戒线、警戒标志，并派专人监护，禁止非作业人员入内。临街搭设榫卯脚手架时，外侧应有防止坠物伤人的防护措施。

9.0.16 本条规定是为了防止榫卯脚手架上发生火灾事故。如果在榫卯脚手架上进行电、气焊作业时，没有防火措施和专人看守，施工人员违规在操作层进行电焊作业，有可能发生电焊溅落的金属熔融物引燃下方榫卯脚手架防护平台上堆积可燃物引发火灾。国内脚手架上火灾事故说明了这一点。

9.0.17 要求榫卯双排脚手架同时满载作业的层数不应超过 2 层，主要是为了控制榫卯双排脚手架上的施工荷载不超过允许值。

9.0.18 本条规定是为了防止榫卯式钢管脚手架发生触电事故。

9.0.19 在榫卯支撑脚手架的使用过程中，有时部分架体或个别构件会发生严重变形或架体出现某种异常情况，应设有专人监护施工，当架体出现可能危及人身安全的重大安全隐患时，应果断停止架上作业，由专业技术人员进行处置。禁止采取边加固、边施工的做法，形成架体上部和架体下部都有作业人员的情况，这是极其危险的。

9.0.20 对于榫卯支撑脚手架，在施加荷载的过程中，架体杆件处于受力变形的不稳定状态，此时架体下部有人是极不安全的。